ANIME CLAY HAND-MADE

动漫黏土手动

制作技法一本通

大切的椰子 编著

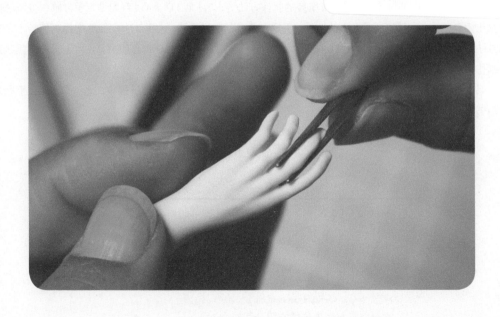

人民邮电出版社

北京

图书在版编目（CIP）数据

动漫黏土手办制作技法一本通 / 大切的椰子编著
. -- 北京 : 人民邮电出版社，2021.2
ISBN 978-7-115-54562-6

Ⅰ．①动… Ⅱ．①大… Ⅲ．①粘土－手工艺品－制作
Ⅳ．①TS973.5

中国版本图书馆CIP数据核字(2020)第137935号

内 容 提 要

　　你是否遇到过这种情况：当你想要用黏土捏制一个心仪的形象时，却发现不知该如何开始，如何制作黏土手办的各个身体部件及相关服饰。其实，想做好黏土手办并没有那么困难，只要你翻开这本书，就会找到做好黏土手办的方法。

　　本书共分为6章。第1章从制作动漫黏土手办的基础知识开始讲起，详细介绍了常用黏土类型、常用工具、黏土颜色的基础知识、黏土基础形体及无痕衔接的制作方法等内容；第2章至第4章为黏土手办制作方法解析，依次讲解黏土手办的头部、正比例男女生的肢体、服饰与道具的制作方法，力求让大家能够掌握制作一个完整黏土手办的方法；第5章和第6章分别为正比例女生和正比例男生黏土手办案例制作讲解，让大家运用前面学到的黏土手办制作方法进行实操制作。

　　本书系统讲解了制作动漫黏土手办的相关方法，案例丰富，并配有难点解析视频，适合作为黏土手办爱好者的自学用书。

◆ 编　著　大切的椰子
　　责任编辑　郭发明
　　责任印制　陈　犇
◆ 人民邮电出版社出版发行　　北京市丰台区成寿寺路 11 号
　　邮编　100164　电子邮件　315@ptpress.com.cn
　　网址　https://www.ptpress.com.cn
　　涿州市般润文化传播有限公司印刷
◆ 开本：787×1092　1/16
　　印张：11.75　　　　　　2021 年 2 月第 1 版
　　字数：301 千字　　　　 2025 年 1 月河北第 10 次印刷

定价：79.80 元
读者服务热线：(010)81055296　印装质量热线：(010)81055316
反盗版热线：(010)81055315
广告经营许可证：京东市监广登字 20170147 号

前言

　　黏土是一种常见的手工材料，不需要烤箱或其他专业设备，仅用一些基础工具就完全能捏出一个简单的动漫角色。但就手办的复杂程度来讲，想要捏出好看又精致的手办也并非易事。首先，制作手办的身体时就会考验你对人体结构的熟悉程度；其次，一个手办身上的各种装饰性配件可能需要结合白乳胶、美甲贴、金属花片等材料来制作。好在随着黏土手办圈的发展，各种方便制作的工具也逐渐被开发出来，能够帮助大家更容易地去制作手办。

　　本书将头部制作、肢体绘制、服饰制作等内容分成独立板块分别进行讲解，让大家能感受到不同风格、不同姿态和不同性别的同一部件在制作方法上的异同。同时也对制作的难点尽可能地做了详细讲解。最后两章配有男女两个正比例动漫角色黏土手办的制作实例，希望能够帮助大家融会贯通。

　　相信随着大家的加入，黏土手办圈会有更多不输专业手办的精美作品出现。

　　　　　　　　　　　　　　　　　　　　　　　　——大切的椰子

目录

第6章 正比例男生黏土手办的制作

第1章
制作动漫黏土手办
的基础知识

1.1 常用黏土类型的介绍

手工制作黏土手办的材料有很多种，常用的有超轻黏土、树脂土、软陶土、纸黏土等。本书使用的黏土材料主要是超轻黏土，偶尔也会用到少许树脂土。

本节内容将介绍不同类别的基本黏土材料，大家可以简单了解一下。

超轻黏土

小哥比超轻黏土 　　　　　　　　　　　Love Clay 超轻黏土

超轻黏土颜色种类丰富，容易塑形，还可用其他颜料进行上色，是制作黏土手办的首选材料。本书使用的超轻黏土品牌有小哥比和 Love Clay 超轻黏土，两个品牌的黏土膨胀少，塑形方便。小哥比超轻黏土相比 Love Clay 超轻黏土较为实惠，适合新手，但保质期只有 1 年，购买时需要注意。

树脂土

树脂土可塑性强，用树脂土制作的成品有质感且还原度高。当捏制特殊材质的黏土手办或要表现特殊效果时，就会使用树脂土，如捏制男士皮鞋、服装等。

1.2 常用基础工具的介绍

制作黏土手办使用的工具种类非常多，有的同类型工具也有多种尺寸之分。为了让大家更容易理解每种工具的功能与应用方法，下面将工具分为常用基础工具与常用辅助工具两大类进行介绍。

1.2.1 常用基础工具

制作黏土手办总少不了一些必要的制作工具，有了这些工具，我们才能制作出让自己满意的黏土作品。此处将常用基础工具分成塑形常用工具和制作常用工具，下面来看看每个工具的介绍吧！

塑形常用工具

勺形工具

勺形工具两端的造型不一，一端呈细尖状，一端呈勺状。勺形工具的主要功能是给黏土部件塑形以及压制褶皱。

压痕刀

压痕刀的整体造型为刀形，可用来制作黏土连接处的各种痕迹效果。

大、小金属抹刀

带切割功能的塑形刀。

黑金棒针

黑金棒针可用于制作发丝细节，也可以和勺形工具搭配使用来压制褶皱等。

等身人物脸型模具

可用等身人物脸型模具翻模制作出黏土等身人物手办的脸型，这样就不用担心不会做脸了。

耳朵模具

可用耳朵模具翻模制作出精致的耳朵。

9

制作常用工具

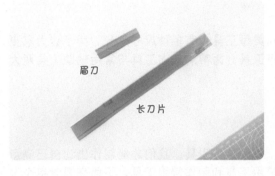

刀片

常用刀片有眉刀和长刀片。通常，眉刀和长刀片是用于裁切黏土的。眉刀一般用来裁切剪刀不好操作的地方，如领口、服装片的细节处。眉刀与空气接触时间久了容易钝化，不过眉刀便宜，钝化了，换新的也不会心疼。长刀片则用于大面积裁切，如衣服片造型等。

点胶瓶

用点胶瓶来装白乳胶，方便给细节处上胶。

大弯头剪

大弯头剪用于修剪黏土造型以及剪去黏土造型上多余的黏土。

擀泥杖

擀泥杖是制作黏土片的必备工具，可以擀出不同厚度的黏土片以制作黏土手办。

压泥板

压泥板用于制作黏土基础形状，如球形、水滴状、长条以及立方体等，也可作为制作发片的塑形工具。

针孔木板晾干台

针孔木板晾干台用于黏土部件的晾干，表面有众多孔洞，便于插入铁丝。针孔木板晾干台也可作为黏土制作过程中的底座。

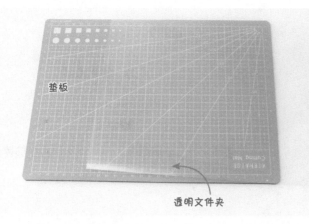

垫板和透明文件夹

垫板是制作黏土手办的工作台面，是黏土手办爱好者制作手办时的必要工具。透明文件夹是需要将黏土擀成非常薄的薄片时常用的工具。

1.2.2 常用辅助工具

黏土制作辅助工具虽不是必不可少的，但能够帮助我们更方便地制作黏土手办。大家可以根据个人需要进行购买。

蛋形辅助器

蛋形辅助器可制作出带弧度的黏土片，比如发片、有弧度的衣服边缘以及帽子等，用途非常广泛。

弯头镊子

弯头镊子是各黏土部件之间相互固定时的辅助工具。

半圆形木刻笔刀

半圆形木刻笔刀是连接黏土手办头部与身体的辅助工具。

圆规

圆规在制作黏土手办时是一种测量工具，可以与垫板或者直尺一起使用，能精准测量两点之间的距离，非常有用。

小弯头剪和小直头剪

小弯头剪和小直头剪可以用于修剪黏土部件上的细小地方。

3mm 波浪锯齿花边剪

3mm 波浪锯齿花边剪可在黏土片上剪出多种花边样式，大家只要多加尝试，就会发现它的神奇之处。

酒精棉片

酒精棉片是抹平接缝处的必备工具。

切圆工具

切圆工具有多种尺寸，可切出不同大小的圆片或圆孔。

塑料切圆工具

塑料切圆工具有多种尺寸，主要用来切出直径比较大的圆片或圆孔。

记号笔

记号笔可以用来做标记，也可以在给黏土手办安装底座或贴裤子时使用，能用水性笔或圆珠笔代替。

压痕笔

压痕笔在制作细节时偶尔会用到，也可以找其他东西替代，对于新手来说它不是必备工具。

痱子粉

痱子粉可以让湿润的黏土表面变得不再黏手，便于进行下一步制作。

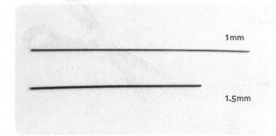

1mm

1.5mm

钢丝

钢丝主要用于连接黏土的各个部件，或制作一些装饰配件，如笛子。本书中使用的钢丝直径为1mm和1.5mm。

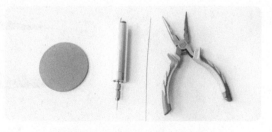

**透明亚克力圆片、微型电钻、
直径为1mm的钢丝、钳子**

透明亚克力圆片、微型电钻、直径为1mm的钢丝和钳子是制作黏土手办底座时的常用工具。

1.3 装饰配件的介绍

有效运用装饰配件，不仅可以丰富黏土手办的呈现效果，还能打造一些用黏土材料无法达到的装饰效果。

本书重点讲解的是制作黏土手办的相关技法，因而使用的装饰配件比较少。大家可以多准备一些不同类型的装饰配件，在制作黏土手办时总会用到。

美甲贴（金）

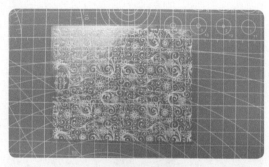

美甲贴（淡紫）

在本书中直接剪下美甲贴（金），并将其贴在制作的装饰道具上。而美甲贴（淡紫）是用于制作服装上的暗纹装饰的，具体制作请在 4.5.3 小节中了解。

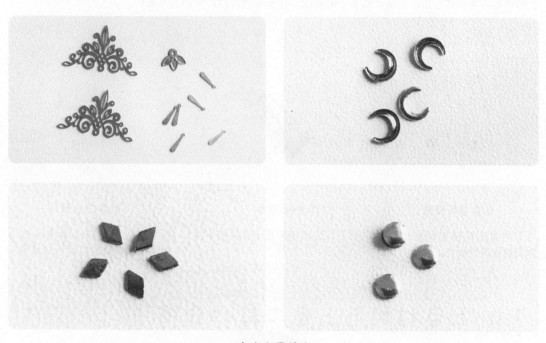

迷你金属花片

迷你金属花片主要用于装饰黏土手办或制作配件。

各种装饰配件

上图所示均为制作包包、刀剑、腰带、蝴蝶结和穗子等物件时用到的装饰配件。

五角星压花器	B-7000 胶水	白色珠光粉
用五角星压花器能制作出完美的五角星装饰配件。	B-7000 胶水常用于粘贴各种装饰配件。	白色珠光粉可以为制作的黏土配件增加特殊的自然珍珠光泽。

1.4 上色材料与上色工具的介绍

上色是黏土手办制作过程中的常规操作，不仅可以美化黏土手办作品，还能呈现出黏土本身所不能呈现的效果，比如勾画人物五官和添加衣物装饰等。

黏土手办常用的上色材料有色粉和丙烯颜料两种。

色粉

丙烯颜料

色粉主要用来美化手办人物的脸部妆容或给手办人物的身体涂上阴影。

丙烯颜料主要用于绘制脸部妆容和服装上的装饰物。

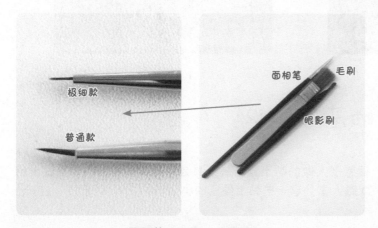

面相笔、毛刷、眼影刷

橡皮擦、自动铅笔

面相笔、毛刷、眼影刷都是与色粉、丙烯颜料配合使用的上色工具。本书使用的面相笔有极细款与普通款两种：极细款用来画眼睛等需要精细描绘的区域，普通款则用于给面积稍大的区域涂色。后文中普通款面相笔均称为面相笔。

橡皮擦与自动铅笔常用于绘制妆容前的五官草图的绘制，或者用来做标记。

1.5 手办常见比例的介绍

常见的手办比例有2头身、3头身、6头身、7头身等。正比例手办一般默认头身比为7头身，但想要刻意让手办作品显得娇小可爱或修长有型的话，可适当改变人物的头身比，比如本书中制作的6头身女生和8头身男生。

1.6 黏土颜色的基础知识

总是找不到想要的黏土颜色？疑惑别人做的黏土颜色怎么那么好看？羡慕别人能够做出色彩缤纷的黏土手办作品？下面就跟大家分享一些黏土颜色的小知识。

1.6.1 基础色

基础色，即黏土材料中原本就有的几种颜色，如黄色、红色、蓝色、黑色、白色、肤色等。通常这几种颜色是不会通过混色去获得的。肤色黏土虽然可以通过其他颜色的黏土混合出来，但是因为黏土手办通常会使用大量肤色黏土，而通过混合得到的肤色黏土容易产生混色不均匀的情况，所以建议大家直接购买肤色黏土。

| 黄色 | 红色 | 蓝色 | 黑色 | 白色 | 肤色 |

1.6.2 混色

制作黏土手办难免会遇到缺少合适的黏土颜色的情况，这时我们就可以把两种或两种以上不同颜色的黏土混合到一起，调配出一种新的颜色。以下是为大家列出的常见的几种混色搭配。大家可根据需要自行调整黏土的搭配比例，混合出自己需要的黏土颜色。

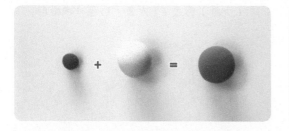

（少量）红色 +（大量）黄色 = 橙色

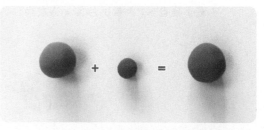

（大量）橙色 +（少量）红色 = 橙红色

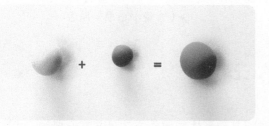

（大量）黄色 +（少量）蓝色 = 绿色

（少量）黄色 +（大量）蓝色 = 蓝绿色

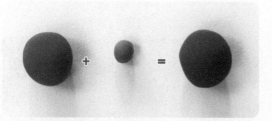

（大量）红色 +（少量）蓝色 = 暗红色

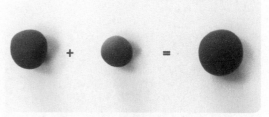

（大量）红色 +（适量）蓝色 = 紫色

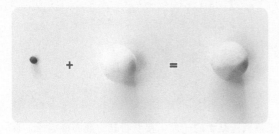

（少量）红色 +（大量）白色 = 浅粉色

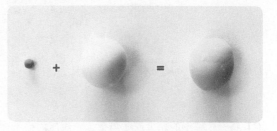

（少量）蓝色 +（大量）白色 = 浅蓝色

17

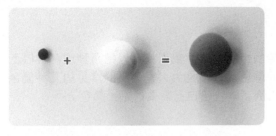
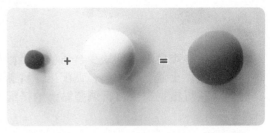

（少量）黑色+（大量）白色=浅灰色　　　　　（少量）橙色+（大量）白色=浅橙色

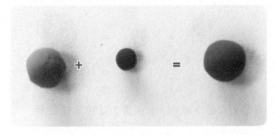
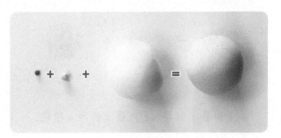

（大量）蓝色+（少量）黑色=酞青蓝色　　　　（少量）红色+（多点）黄色
　　　　　　　　　　　　　　　　　　　　　　　+（大量）白色=肤色

1.7 基础形体的制作方法

想要用黏土制作出好看的手办作品，学习并掌握基础形体的制作方法是非常必要的，大家快来学习吧！

1.7.1 立方体

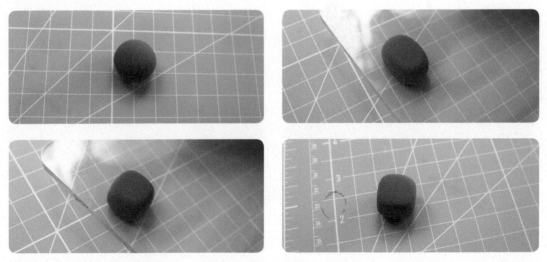

01 将一个球形的黏土放在垫板上，用压泥板平行于垫板压黏土的一面，接着将黏土翻面继续压，直到将黏土压成一个近似立方体。

02 用手轻轻捏住立方体黏土，用拇指与食指捏黏土边缘处。先将各条边捏出明显的棱，再用左手拇指与食指朝一个点捏出角。

03 用压泥板微调形状，立方体黏土就做好了。

1.7.2 圆柱体

01 把搓好的球形黏土放在垫板上，压泥板与垫板平行，用压泥板来回搓黏土球，直到将黏土球搓成条形。

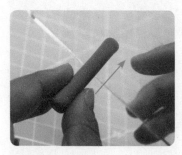  

02 用压泥板垂直于黏土条底端，将其两端压平，接着用拇指与食指在底端边缘捏出棱，圆柱体黏土就做好了。

1.7.3 半圆形水滴

01 将球形黏土置于垫板上，倾斜压泥板，用压泥板来回搓黏土球，将黏土球的一端搓细、搓尖。然后再搓另一头，通过控制压泥板的倾斜角度，搓出不同粗细的尖头。

02 用手轻轻捏住黏土，用拇指与食指捏边缘处。先将各条边捏出棱，再用拇指与食指捏出角，半圆形水滴黏土就做好了。

1.7.4 方形薄片

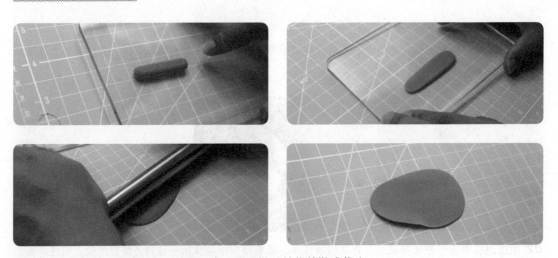

01 用压泥板将黏土搓成长条，然后压扁，再用擀泥杖将其擀成薄片。

02 用长刀片比对着垫板上的格子，切出方形薄片黏土。

1.7.5 半圆形薄片

用相同的方法将黏土擀成薄片后，用长刀片切出一条直边，然后再弯曲长刀片，切出半圆形薄片黏土。

1.8 无痕衔接

本节以衔接手指为例演示无痕衔接的方法。该操作用到的工具有酒精棉片、黑金棒针以及小弯头剪。只要学会了衔接手指的方法，那么黏土手办其他部位的衔接制作方法也就掌握了。

无痕衔接制作方法展示

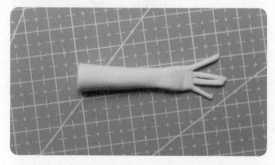

01 准备已经晾干的手掌（不含拇指）与未晾干的拇指。

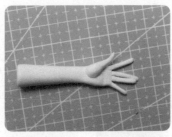

02 将做好的拇指放在手掌末端 1/2 处，与半边手掌重叠。

03 用黑金棒针（后文均简称棒针）粗圆的一端，将拇指的黏土往手背方向推滚，将棒针细尖的一头伸入指间，把黏土边缘衔接起来。

04 用小弯头剪和棒针微调拇指的形状。

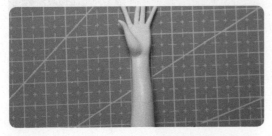
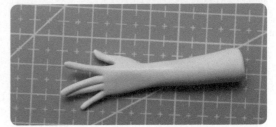

05 用喷了水的酒精棉片将拇指接缝处打磨光滑。

第 2 章
手办人物
头部的制作解析

2.1 脸型的制作与介绍

本书中人物的脸型主要分为 Q 版脸和正比例脸，全部用脸型模具翻模制作而成。下面会给出翻模的详细步骤，后文案例将不再介绍脸型的制作过程，直接使用成品。

翻模

01 把黏土球的一端搓成水滴状的尖头。 **02** 将尖头对准模具的鼻子处，用力将黏土按入模具内。 **03** 用黏土塞满模具，并把多余黏土擀到模具外，同时用手拽住。

04 干脆利落地把黏土扯出，剪去多余黏土，脸型翻模就完成了。

2.1.1 Q 版人物的脸型

Q 版人物的脸型主要有包子脸和动漫脸两种，下面来看看这两种脸型有何区别。

包子脸

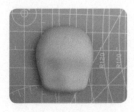 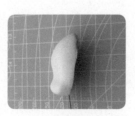

正面视角   侧面视角

包子脸是 Q 版人物制作中最常用的脸型，脸部曲线圆滑，没有棱角，像包子一样圆嘟嘟的。其特征表现为下巴较短且两腮突出，在此种脸型上绘制的眼睛通常比较大、圆，人物可爱感十足。

动漫脸

正面视角   侧面视角

动漫脸是由包子脸变形而成的脸型，下巴较尖，鼻子尖凸，其脸型可爱程度比包子脸低一点。

小提示 此处制作的脸型眼窝微微凸起，呈现的是人物的闭眼状态。

2.1.2 正比例人物的脸型

正比例人物的脸型主要有可爱型的二次元脸型和成熟型的古风人物脸型。

二次元脸型

二次元脸型的鼻子特征明显，并且鼻子、头顶、两腮和尖凸的下巴共同形成脸部线条比较硬的鹅蛋脸或圆脸。相较包子脸和动漫脸，二次元脸型整体偏长一些。

正面视角　　　　　　　侧面视角

古风人物脸型

古风人物脸型没有 Q 版人物脸型那么多变，无论男女，古风人物的脸型大多是在鹅蛋脸的基础上进行调整的。常见的古风男性人物脸型偏长，能够表现出男性的高颜值与独特魅力。下面展示了古风男性人物在闭眼和睁眼两种状态下的脸型。

▌闭眼状态▐

闭眼状态下的脸型：眼窝凸起。

正面视角　　　　　　　侧面视角

▌睁眼状态▐

睁眼状态下的脸型：有明确的眼部结构，整个脸型酷似真人。

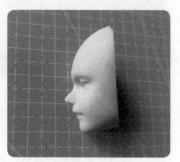

正面视角　　　　　　　侧面视角

2.2 眼睛的绘制要点

眼睛绘制是人物头部制作的重要环节，不同形态的眼睛会给人不一样的感受。

2.2.1 眼睛的位置

画眼睛时要考虑眼睛的状态，闭眼和睁眼状态下的眼线、眼角等实际位置是不同的。下面就眼睛的状态为大家做细致讲解。

闭眼

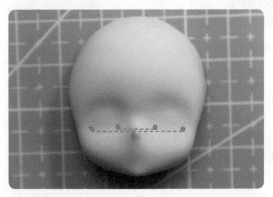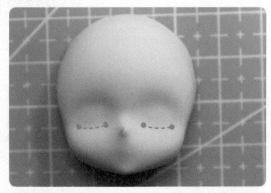

绘制呈闭眼状态的眼睛时，上眼睑向下与下眼睑合在一起形成一条曲线。因此，闭眼状态下眼睛的位置是以内、外眼角为定点，连接两定点画出方向向下的眼线。

睁眼

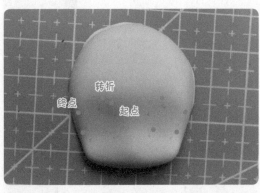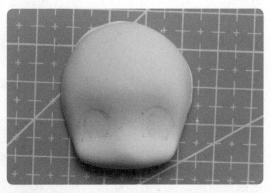

绘制呈睁眼状态的眼睛时，绘制难点在于左右眼睛的对称性。先在下眼线的位置确定两点标记高度，通过画出上眼线的起点、转折和终点来固定上眼线的位置与形状，接着用自动铅笔连接定点，勾画出眼型。

小提示 因为自动铅笔不容易在黏土上着色，所以通过标记定点的方式可以更容易看出左右眼睛是否对称。

2.2.2 不同状态下眼睛的绘制要点

勾画眼睛需等脸型部件干透后,采用由浅到深或由深到浅等上色方法进行绘制。需要格外注意的是,叠加不同颜色时要等上一层颜色晾干后再叠加。

闭眼状态下眼睛的绘制要点

连接定点,进而画出眼睛。

勾画演示

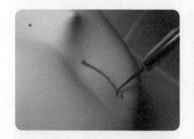

01 以鼻尖为参考点,在稍高于鼻尖的地方点出眼角与眼尾的位置,用极细款面相笔蘸取橙色丙烯颜料,连接两点,画出闭眼时的眼睫毛形状。

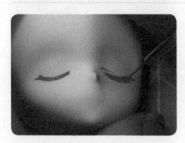
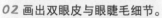

02 画出双眼皮与眼睫毛细节。
03 先在眉骨处确定眉毛位置,接着画出眉毛。

04 用少量橙色加大量白色调出浅橙色,顺着眼睫毛画出浅橙色光泽。

睁眼状态下眼睛的绘制要点

在为眼睛勾线时，需注意线条的粗细变化。上色时，通过给丙烯颜料兑水，对其进行稀释，通过透明的颜料可以表现眼睛的反光效果。另外，上色时也可以修补眼睛的轮廓线。

🌸 绘制演示 🌸

01 先用自动铅笔简单勾画出五官，然后用面相笔蘸取熟褐色丙烯颜料再勾画一遍。

小提示 眼眶线条要有粗细变化。

02 用湖蓝色、浅绿色和白色调出薄荷色，平涂（薄涂）眼珠与眉毛。接着用肤色、白色和熟褐色平涂嘴巴，再用白色加一点黑色，调出浅灰色，涂出眼球上的阴影。用白色描绘出眼白。

03 用湖蓝色、浅绿色和黑色调出深薄荷色，画出眼珠暗部。

小提示 可先勾画出暗部轮廓再填色。

04 用黑色勾画眼睛轮廓线。

05 用之前调好的薄荷色为眼珠暗部增加光泽。

06 用黑色画出虹膜。

07 将白色兑水稀释成有一定透明度的白色，擦干笔尖后蘸色，给眼睛添加白色反光效果。

08 用白色丙烯颜料点出眼睛的高光，再将薄荷色兑水稀释，为上眼线增色。

2.2.3 不同眼型的绘制要点

不同的人物类型有与其自身相对应的眼型，眼型也是表现人物形象的一部分。下面为大家介绍以二次元人物和古风人物的眼型为主绘制的脸型。

二次元人物的眼型

通过多次叠加稀释后的颜料颜色，增加眼球颜色的层次感。

绘制演示

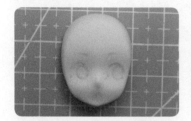

01 用自动铅笔勾画出五官。

02 用极细款面相笔蘸取深红色丙烯颜料描绘出五官轮廓。

03 将深红色与白色丙烯颜料混合在一起并加水稀释，平涂眼球。

04 用相同的颜色再次平涂眼球，增加层次感。

05 用深红色画出眼球暗部。

06 用深红色加熟褐色勾画眼球的边缘，并加深上眼线。

07 用深红色加熟褐色绘制瞳孔。

08 将白色加大量水稀释，画出眼球的反光。

09 将深红色加大量水稀释，画出眼白阴影。

10 用白色为眼球点亮高光。

11 将黑色加水稀释，依次加深眉毛、眼线、眼球暗部边缘和瞳孔。

12 用白色平涂眼白，同时调整眼球的形状。

古风人物的眼型

古风人物的脸型更偏向于写实脸型，有已成型的鼻子、眼睑与眉骨，五官深邃立体，因而不需要用自动铅笔勾绘五官轮廓，可以直接进行上色。

绘制演示

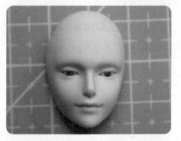

01 用肤色勾画眼球与眼睑的分界线和内眼角，用白色平涂眼球。

02 用熟褐色勾勒眼珠，同时平涂眼球。

03 用熟褐色加黑色画出瞳孔和上眼线。

小提示 平涂眼球时可修正分界线的粗细。

04 用轻而快的下笔手法画出下眼睫毛。

05 将熟褐色加水稀释，勾勒出双眼皮、下眼线以及唇线。

06 用熟褐色画上眉毛。

小提示 没画好的地方可用酒精棉片擦掉重画。

2.3 妆容的绘制要点

给黏土人物添加妆容，就是我们常说的"化妆"，具体可以从人物唇妆和面妆的绘制方法入手。

2.3.1 不同风格的唇妆绘制方法

唇妆可以给人物增添别样的风采，大家可以多多尝试绘制不同的唇妆，观察唇妆对人物整体效果产生的影响。唇色的选择要符合人物形象的风格类型，像甜美萌系的女生，其唇色就可以选用粉色系。

唇妆类型展示

 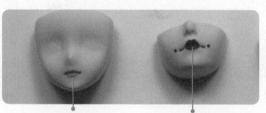 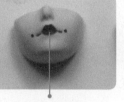 

橘子汽水唇妆　　　　芭比粉色唇妆　　　　樱桃小口点唇妆　　　　迷雾蓝唇妆

"橘子汽水唇妆"的绘制

此款唇妆的绘制重点在于表现唇妆所选用的颜色。橘色的唇色能够突出女生青春活泼的气质，使其具有元气感。

01 准备肤色、熟褐色和橙色等丙烯颜料，以及做好的嘴唇部件。　　**02** 用肤色与熟褐色调出肉褐色，用极细款面相笔蘸取颜色在嘴角、唇珠处勾出唇线。

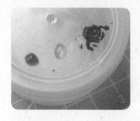   

03 将橙色加大量水稀释，将极细款面相笔笔尖擦干后用笔尖蘸取一点颜色涂在嘴唇上。

04 用面相笔蘸取橙色色粉，涂在嘴唇上。

"芭比粉色唇妆"的绘制

此款唇妆的绘制重点在于将嘴角向上提，这一点点改变就能将原本不是微笑的表情变成微笑的样子。芭比粉色唇妆能够塑造出可爱、萌系的女生形象。

01 准备一个已经晾干的脸型。

02 用朱红色加白色调出粉色，用极细款面相笔蘸取颜色绘制在嘴唇上。

03 用熟褐色加一点朱红色调出深朱红色，画出唇线，画至嘴角时上提笔尖。

小提示 在熟褐色里混一点朱红色不会使唇线显得很突兀。

04 将白色丙烯颜料加水稀释后涂在嘴唇上，给唇妆添加高光。

"樱桃小口点唇妆"的绘制

此款唇妆的绘制重点在于只在上下嘴唇的中间区域涂色，并在嘴角两侧分别点上一个红点。深红色的唇色是古代女子唇妆的流行颜色，即"朱唇"，因而制作古风类型的黏土人物时常用此色。

01 先画出唇线（参考"橘子汽水唇妆"步骤01~02）。

02 用极细款面相笔蘸取深红色，先在嘴唇上勾勒出上色区域的轮廓线，然后涂满，这样绘制可以画出好看的唇形。

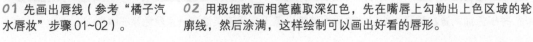

03 在嘴角两侧分别点上红点。

"迷雾蓝唇妆"的绘制

此款唇妆的绘制重点在于刻画唇纹和展现雾面的唇妆效果。雾面效果就像是冬天由于雾气在窗户形成的一层朦胧的磨砂面效果，追求的是为人物营造一种朦胧感。

01 先画出唇线（参考"橘子汽水唇妆"步骤 01~02），然后用青莲色为嘴唇中间区域上色。

02 用极细款面相笔蘸取熟褐色，从唇线处向外发散，绘出唇纹。

03 用面相笔蘸取钛青蓝色色粉，刷在嘴唇上，打造出雾面唇妆效果。

2.3.2 不同风格的面妆绘制方法

绘制面妆，即为人物添加腮红、眼影或鼻影，能表现出黏土手办人物独有的美感和魅力。妆容的美化不分人群和性别，就是我们常说的"爱美之心，人皆有之"。

面妆解析

Q版人物的面妆

二次元人物的面妆

古风人物的面妆

对于Q版人物和二次元人物，在绘制其脸部五官时就进行了夸张处理，本身就起到了一定的美化面容的作用，因而只需为人物加上少许腮红或眼影以呼应人物表情即可。

古风人物脸部较为写实，五官的立体感强，因而可在人物的眼部、鼻梁及脸部两侧等位置为其添加面妆。

Q版人物的面妆绘制

01 准备一个画好五官状容的Q版人物脸型，用眼影刷蘸取肤色色粉，在不用的黏土上刷两下，以确保色粉颗粒均匀。

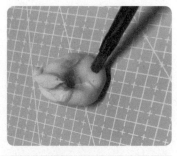

02 在两颊和眉头处用打圈的方式涂上色粉，给脸部绘制面妆。

二次元人物的面妆绘制

准备一个画好五官妆容的二次元人物脸型，用眼影刷蘸取肤色色粉，沿着眉骨、鼻梁涂色，在人物脸部更有立体感后，再用打圈的方式涂上腮红。

古风人物的面妆绘制

01 准备一个画好五官妆容的古风人物脸型，用肤色丙烯颜料加大量水调成淡肉色，将面相笔笔尖擦干后蘸取一点颜料，涂在唇部。

02 把面相笔笔头剪平后蘸取肤色色粉，在眉毛、鼻子转折处以及眼尾处涂上色粉。

03 用眼影刷蘸取肤色色粉，从颧骨往嘴角上方扫，画出修容和腮红。

2.4 发型的制作解析

发型制作是黏土手办人物制作的难点之一。本节内容中，我们将从制作发片、增加头发层次感和制作特殊发型等方面为大家进行讲解。

部分发型展示

发型是由不同形态的发片层层叠加制作而成的，其中有直发发片、卷发发片、刘海发片以及一些细碎的发丝。制作"丸子头""麻花辫"这类特殊发型时，可用压、卷、编等手法来制作。

2.4.1 不同类型的发片制作要点

在手绘作品里，人物的头发需要分组进行绘制，而黏土手办制作中则是用不同样式的发片进行组合以制作出完整的发型。掌握发片的制作方法，我们就能快速做出一个完整的发型。

直发发片

样式一

01 将大弯头剪的弧面朝下，在用蓝色、黄色和黑色调出的酞青绿色黏土表面剪一刀。

小提示 2.4.1 小节和 2.4.2 小节里头发制作讲解所用的头发颜色都是酞青绿色，后文不再单独说明颜色。

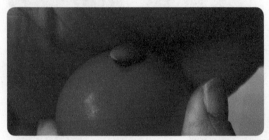

02 将黏土放在蛋形辅助器上，用手掌将其压扁，做出边缘薄中间厚的叶形发片。

小提示 用手掌进行按压会在黏土表面留下掌纹，可用拇指轻轻抹掉掌纹。

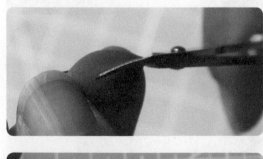

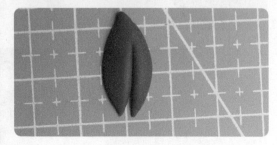

03 用小弯头剪在叶形发片中间剪出分叉状的发片造型。

▌样式二▐

01 用压泥板斜着将酞青绿色黏土球搓成两头细尖、中间粗圆的黏土条。

02 用压泥板将黏土条稍稍压扁，然后将黏土条放在蛋形辅助器上用手掌将其压成中间厚边缘薄的黏土片。

03 用压痕刀压出发片上的纹理。

04 按照头发纹理，用大弯头剪剪出适量分叉，再用压痕刀调整纹理。最后用手弯曲发梢，调整发片形态。

❦ 样式三 ❧

  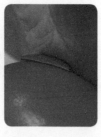  

01 用压痕刀把蛋形辅助器上的叶形发片切掉一半（叶形发片的做法参考样式一），然后用手掌把黏土片边缘压薄。

02 用压痕刀压出发片上的纹理。

03 用小弯头剪剪出适量分叉，用手指调整发片形态。

小提示 这种形状的发片适合作为齐刘海使用。

❦ 样式四 ❧

01 取适量黏土，用压泥板将其搓成水滴形长条后压扁，然后用手掌将水滴形黏土片边缘压薄，并用手指调整形状。

02 用大弯头剪把黏土片粗圆的一端剪平，接着用拇指将端口边缘压薄，即可作为发片使用。

03 用压痕刀压出发片上的纹理。

小提示 所有纹理都朝尖端汇集，不要把纹理压成平行线样式。

04 用大弯头剪沿着头发纹理剪出宽窄不一的发丝，并将发片底部修剪整齐。

卷发发片

样式一

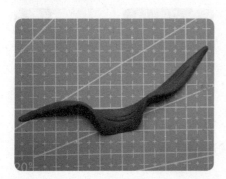   

01 用压泥板将黏土搓成两头细尖、中间粗圆的黏土长条，然后稍稍压扁，做出发片。

02 倾斜压泥板，将发片边缘压薄，并压出一个弧面。

03 用压痕刀压出发片上的纹理。

  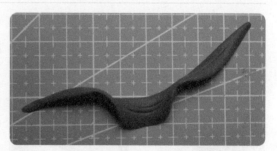

04 使发片与垫板垂直，用拇指和食指分别朝反方向推发片，使发片扭曲变形，从而形成卷发形态。

样式二

按照样式一中步骤 01~02 的制作方法做出发片，接着将做好的发片缠绕在棒针的尖端区域，晾 5 分钟后取下，发片的卷曲度也就固定住了。

2.4.2 丰富头发层次感的制作方法

在发片上添加一些细碎的发丝，能让人物的发型看起来更灵动自然。接下来，我们一起来看看如何为头发添加层次感。

增加短发的层次感

先制作出头发的主体发片，顺着主体发片叠加多层的细碎发丝或小发片。

❧结构展示❧

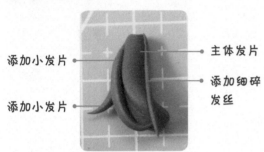

添加小发片

添加小发片

主体发片

添加细碎发丝

❧不同角度展示❧

❧制作方法❧

01 用大弯头剪在黏土球上剪出一条发片，直接用手指压出弯曲的发片形态以作为头发的主体发片，然后放一旁晾5分钟左右。

02 剪出一条小发片，用手指捏扁后贴在主体发片上。

小提示 大家可以通过控制大弯头剪的开口的大小来调整发片的大小，大弯头剪的开口越大，剪出的发片越大，反之则越小且越细。

03 剪出长短、粗细不一的发片，顺着主体发片的方向进行叠加。

04 剪出更细的碎发，给头发增加层次感。

增加长发的层次感

先确定头发的整体形态，顺着头发形态叠加多层发片。

◖结构展示◗

在主线上
添加分支

在主线上
添加分支

主线

在主线上
添加分支

制作方法

   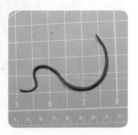

01 用压泥板将黏土搓成细长条并稍稍压扁，作为头发的主线。

02 弯曲黏土条，确定头发的整体走向后放置一旁晾干。

03 做出不同粗细的长条状黏土薄片以作为发丝。

04 给发丝一端涂上白乳胶，顺着确定好的头发走向进行叠加。

 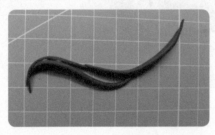 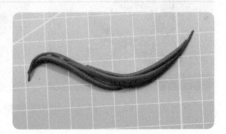

05 多制作几条两端尖、中间粗的发丝，依次叠加到头发主线上。

06 剪一条短一点的发片并用手指捏扁，用压痕刀压出纹理后，叠加到头发主线上。

2.4.3 特殊发型的制作方法

丸子头和麻花辫属于较为特殊的发型，其细节较多，层次感较强，并且从头顶到发型，再到松散的发丝都有不同的制作方法。

丸子头发型的制作

先一次性捏出后脑勺的头发，再用工具压出发丝，最后制作发髻与刘海即可。

▌制作后脑勺▐

01 先准备一个画好五官的脸型，然后用橙色、黄色与大量白色的黏土混合出浅黄色的黏土，再取适量浅黄色黏土搓成球状。

02 将黏土球贴在脸型后方，用手掌对其进行调整，做出饱满的后脑勺。

小技巧 制作丸子头发型的注意要点

1. 根据丸子头发型的特点，制作后脑勺时要把脑后的头发一同做出，即后脑勺就等同于脑后头发。
2. 丸子头发型的后脑勺的高度要高于脸型。

03 用棒针在后脑勺上扎出发髻位置的定点，然后用压痕刀分别从定点朝发际线方向压出头发纹理，让所有头发纹理都朝定点汇集。

04 用棒针细尖的一端把头发纹理压深一些，同时调整纹理形状。

制作丸子头发髻与刘海

01 用压泥板把浅黄色细长条黏土压成片，然后倾斜压泥板，将长片左右两端压薄，接着用压泥板的边缘在发片上压出头发的纹理。

02 用手把头发长条拧成团状，固定在头顶，做出头发缠绕在一起的发髻效果。

03 用大弯头剪在浅黄色黏土长条上剪出细碎的发丝，顺着发髻走向，用棒针把发丝固定在发髻上，并添上小碎发。

04 添加更多的小碎发，完成后脑勺发髻的制作。

05 添加刘海。取少量浅黄色黏土，用压泥板将其搓成水滴状并压成薄片，用大弯头剪将黏土片的顶端与底端剪平，然后放在头上比对长度是否合适。

06 把黏土片放在蛋形辅助器上，用手掌压薄边缘后用压痕刀压出头发纹理。

07 用小弯头剪剪出适量的分叉，适当修剪后将其贴在额头中间。

08 做出叶形发片，放在蛋形辅助器上用压痕刀切成月牙形状，将边缘压薄。

09 用压痕刀压出头发纹理并用小弯头剪剪开，再调整发片形态。

10 把做好的发片填补在刘海两边的空隙上，完成刘海造型的制作。

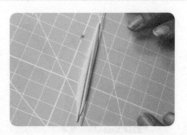

11 制作一条中间厚、两边薄的弧面黏土长条，然后用压泥板边缘在黏土长条上压出头发纹理。

12 用小弯头剪剪出分叉，扭曲发梢为发片塑形。

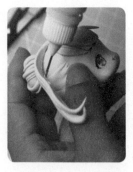   

13 给做好的发片涂上白乳胶，贴在脸颊两侧作为侧发，然后用压痕刀将发根处压下去，形成轻微的拱形。

 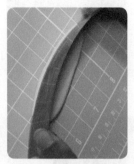  

14 弯曲长刀片，在浅黄色黏土片上切出一条细发丝，将其贴在侧发上。

15 将黏土推进耳朵模具里，翻出耳朵，再修剪多余的部分，将耳朵状的黏土贴在耳朵位置上。

16 用同样的方法制作另一侧头发，完成丸子头发型的制作。

麻花辫发型的制作

做出麻花辫发型的雏形后，将头发分成3个区块，按照走向贴发片。

制作后脑勺与麻花辫发型雏形

01 准备一个画好五官的脸型，然后用红色、少量黄色和大量白色黏土混合出橙粉色黏土球，将其贴在脸型后方，用手掌调整出饱满的后脑勺。

02 用压痕刀在后脑勺中间压出一条线，用手调整出麻花辫发型的雏形，然后放在一旁晾3小时。

小提示 在麻花辫发型雏形上，按照发丝走向用3种颜色的发片将头发分成3个区块，之后按照走向贴发片。

03 做一个具有头发纹理的发片（参考2.4.1小节中直发发片的制作方法），将发片贴在上图所示的位置，用压痕刀在中分线处将发片截断，再用大弯头剪剪去多余黏土。

04 用同样的方法做出另一侧的头发。 **05** 按照走向贴发片，效果如上图所示。

06 在麻花辫发型雏形上贴发片。

小提示 **左右两侧的头发要交替粘贴，中分线处不要留有缝隙。**

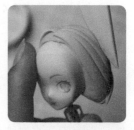

07 慢慢往上贴发片，直到贴到头顶为止。

08 在后颈处添上发片。

09 在脸颊两侧区域的空隙处添上发片。

10 用耳朵模具翻模出耳朵，贴在脸颊两侧。耳朵的位置在两只眼睛眼尾的连线上。

◀制作刘海和麻花辫▶

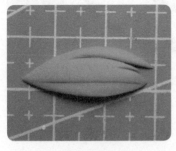

01 制作刘海（参考 2.4.1 小节直发发片的制作方法）。将刘海发片放在头上，确定合适的长度后，贴上手办右侧的发片。

02 贴上中间与左侧的发片。

小提示 贴左侧发片时，发根处尽量不留缝隙，如果有缝隙，可以用一条碎发挡住。

03 制作发片并将其贴在头顶，挡住刘海与头顶头发之间的缝隙。

04 将黏土搓成条后压扁，弯曲摆放在蛋形辅助器上，用手掌将边缘压薄，再用压痕刀压出头发纹理。

05 用大弯头剪把发片一端剪平，再做一条相同的发片，分别贴在刘海两侧。

06 用 2.4.1 小节里的卷发发片样式二的方法，做出两条卷发发片，继续贴在刘海两侧。

   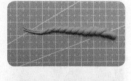 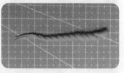

07 制作麻花辫。将黏土搓成两头尖的细长条，对折后顺时针扭转，做出麻花辫的半边部分；接着再逆时针扭转，做出麻花辫的另外半边。

08 把两部分粘在一起，用大弯头剪将粗的一头剪成上图所示的造型，从而制作出一条完整的麻花辫。

09 把做好的麻花辫衔接在头发上，然后按照 2.4.2 小节里增加短发的层次感的方法制作出并将其衔接在麻花辫的底端。

10 准备细条状黏土，涂上白乳胶后作为头绳粘在麻花辫底端与短发的衔接处。

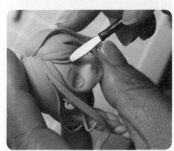

11 将一些细发丝、小碎发、小发片填补在合适的位置上，增加整体发型的层次感，完成麻花辫发型的制作。

小提示 大家可随意添加发片，只要发型整体和谐就好。

第3章

正比例男女生
肢体的制作解析

3.1 上半身的制作方法

本节制作的是正比例人物的身体，因而在捏制前大家需正确了解人物的身体结构，依据人物身体结构准确塑形。由于手办的身体结构与真人无异，所以我们也可以参考人体结构图。

3.1.1 上半身的基础制作

黏土手办分男女，男女手办的身体结构有区别。下面为大家讲一讲黏土手办中男女生上半身的制作方法。

男生

男生的理想身形是上下比例协调，有宽厚的肩膀和胸膛及相对较窄的腰部和胯部。这也是制作正比例男生常用的身形。

女生

女生的标准身形是梨形，其特征表现为锁骨突出、胸形丰满、肩窄、腰细、臀部略比肩宽。这也是制作正比例女生常用的身形。

男生上半身的基础制作

❙ 制作方法 ❙

01 取肤色黏土在手心先搓成球体，再横向搓成圆柱体，接着用手掌将圆柱体的一端稍微压扁，用来作为男生的脖子和肩膀部分。

02 用拇指和食指将压扁的一端往中间捏，接着横向、竖向反复捏出脖子的形状，最后用食指压脖子的顶端，使其变成圆柱体。

小提示 用手按压脖子的顶端是为了避免脖子一头略尖，变得不好看。

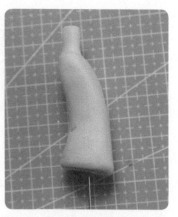

03 用拇指和食指捏出肩膀部分的棱角，将左右肩膀厚度调整一致。接着用手将身体一点点拉长，同时用手指折出上半身的"S"形弧度。

04 用棒针粗圆的一端从脖子处开始向下滚动至上图所示位置，再从肩头往脖子方向滚动，压出锁骨的雏形，然后在锁骨正中间压一个坑作为锁骨沟，最后横向压出左右两边的锁骨。

05 用勺形工具将锁骨处多余的黏土往脖子方向推，再把拇指放在锁骨下方，用勺形工具的边缘往拇指方向推，加深锁骨内侧的凹陷。

06 用棒针给脖子加上胸锁乳突肌。

小提示 黏土在塑形的过程中会逐渐膨胀，如果发现压出的形状变得不那么明显了，可以多次重复前面的操作，以尽可能使形状固定下来。

07 最后调整身体造型。用棒针粗圆的一端把肩膀侧面滚压得平坦一些，用拇指将腹部的黏土稍微往胸腔方向推，随时注意塑造出上半身侧面的"S"形弧度。

小提示 **男生的腰部不需要做得太细。**

女生上半身的基础制作

制作方法

01 用制作男生上半身的方法先捏出女生的脖子和肩膀。

 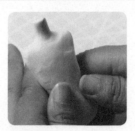 

02 用手将身体轻轻拉长，慢慢地拉，以免黏土出现裂纹。把腰部搓细，再将原本笔直的身体捏出"S"形弧度。

03 用拇指将腹部黏土往胸部方向推，并把肩膀处稍稍捏扁，使其厚度是脖子直径的 1.5 倍左右，再调整肩膀大小使其左右对称。

小提示 **不要将肩膀捏得太扁，否则做出的身体就会太薄，变成"纸片人"。**

04 调整肩膀。用手将肩膀两侧的黏土稍稍往外推，使肩膀更宽一点，同时也会使肩膀的结构更加明显。接着折出上半身的"S"形弧度。然后把身体下端放到垫板上，把黏土轻轻往垫板上推，使下端边缘平整。

05 塑造锁骨。用棒针粗圆的一端先竖向压出锁骨沟，再横向压出左右两边的锁骨。

06 用勺形工具把锁骨处的多余黏土往脖子上推，利用勺形工具锐利的边缘加强锁骨的凹陷，再用拇指指腹将变形的锁骨线条抹顺。

小提示 一般不推荐在女生的脖子上压出胸锁乳突肌，只需压出锁骨就行了。

07 女生上半身的不同角度效果图展示。

3.1.2 上半身的美化

前一小节讲解了男女生上半身身体的基本形态，本小节将继续深入讲解男女生上半身身体的细化过程，以突出各自的身形特征。

男生上半身的美化

男生上半身的美化，其要点和重点在于制作出发达的胸肌、腹肌、背部的蝴蝶骨和背脊线，使整个身体有明显的肌肉感和线条美感。

《 美化制作 》

01 在捏好的男生基础身形上，找到从锁骨到腰部最细处之间大约 1/2 的地方，用棒针稍用力向下压，标记出胸肌的位置。

02 用勺形工具的圆端背面压出腋窝，使之与胸肌的凹陷处连接起来。

03 用棒针斜压肩部，用手指调整区分出肩头与胸部。

04 用拇指的边缘在腹部压出"n"字，让腹肌逐渐显露出来。

05 用棒针细尖的一端在胸肌正中央压一下，再用勺形工具的圆端背面加强腹肌的"n"字，再横向压两下将"n"字区域分成三等份。

06 用勺形工具尖的一端在"n"字正中间竖向压一道压痕，并稍稍进行调整，使之过渡柔和。

07 用棒针粗圆的一端斜着以画"√"的方式压出肋骨的大体结构，用拇指指腹向外扭转推出髂骨并塑造出人鱼线。至此，男生上半身的正面美化完毕。

08 用棒针粗圆的一端在背部中央压出脊柱沟，接着用勺形工具尖的一端斜着推出一侧的肩胛骨，再用棒针朝斜上方滚动继续塑造肩胛骨的形状，另一侧也重复同样的操作塑造出肩胛骨。

小提示 肩胛骨形状如右图所示，最低处在肩膀与腰部最细处之间大约 1/2 偏上一点的位置。

   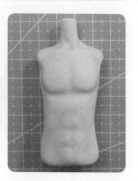

09 用眼影刷蘸取肤色色粉，分别刷在锁骨处、胸部、腹部等区域，上完色粉后整个身体都变得鲜活起来了。

小技巧 色粉上色区域

确定身体的上色区域可以采用"光影法"，即在晚上将捏好的身体放在台灯下，会自然形成阴影，用手机拍下来，依葫芦画瓢，阴影在哪儿，色粉就刷在哪儿。

女生上半身的美化

女生上半身的美化，其重点在于塑造出女生的胸部、腹部马甲线、背部凸出的蝴蝶骨和背脊线，使整个身体的肌肉线条更加柔和。

美化制作

01 在女生基础身形上，用棒针粗圆的一端在背部中央压出脊柱沟。

小提示 方法同塑造男生基础身形的脊柱沟一样。

02 用滚动棒针的方式推出女生肩膀两边的肩胛骨。

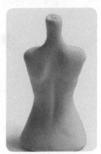

03 用棒针或勺形工具沿着压出的痕迹进一步加深肩胛骨的立体结构，再用拇指与食指捏出后腰，完成蝴蝶骨的塑造。

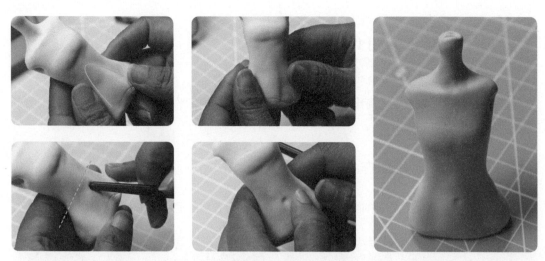

04 用拇指先在腹部压出"n"字，再向外扭转推出髂骨处突出隆起的腹部。接着找到肚脐的位置（稍低于腰部最细处），用棒针粗圆的一端由下往上推出肚脐，用手指轻抹调整，使腹部的立体结构变得平滑。

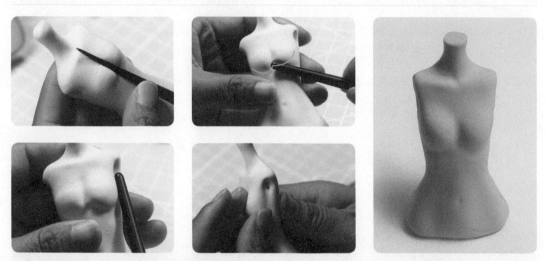

05 美化胸部。将棒针细尖的一端朝上，在胸部中间压出凹印，再用粗圆的一端压出倒"m"形，使凹痕一直延伸到腋下，最后调整胸部使其圆润对称。

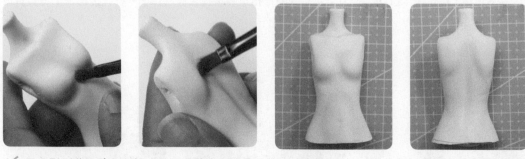

06 用眼影刷蘸取肤色色粉，采用光影法在锁骨凹槽处、胸部中央、腹部、蝴蝶骨和背脊沟等位置刷上色粉。

3.2 手臂的制作方法

手臂是指人的肩膀以下、手腕以上的部位。在黏土手办的制作过程中，手臂是决定人物动作及状态的一个重要部分。

3.2.1 手臂的基础制作

黏土手办的手臂，可根据捏制的男、女生人物特点，结合各自的上肢结构去塑造。

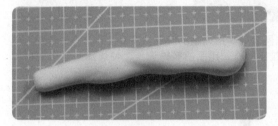

男生　　　　　　　　　　　　　　　女生

男生上肢健壮、粗大，手臂肌肉发达且轮廓清晰。　女生上肢纤细，肌肉不明显，手臂肌肉线条柔和。

男生手臂的基础制作

制作方法

01 将肤色黏土搓成一个圆柱体。　　*02* 用左手的拇指与食指捏住圆柱体的一端，搭配右手将其折成90°以作为肩头。

03 用棒针粗圆的一端向下斜压出腋窝，再用拇指将压痕抹平。

04 从肩头开始慢慢往下搓出手肘、手腕。

小提示 搓的时候放慢速度，随时调整手肘和手腕的粗细。

05 将手肘以下的部分稍稍捏扁，使上半截手臂自然形成隆起。

06 深入塑造上半截手臂的隆起部位。用棒针粗圆的一端顺着上半截手臂的隆起压出"V"字形，调整以使之过渡平滑。手臂后侧塑形完成。

07 用勺形工具尖的一端顺着腋窝往下延伸，压出手臂前侧的肱二头肌区域，用拇指轻抹使之过渡平滑。

  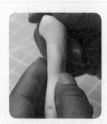 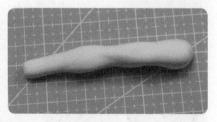

08 塑造手臂背面的肌肉感。用勺形工具尖的一端压出肌肉区域后，用手指调整使之过渡平滑，再斜着推出下半截手臂隆起的肌肉。

09 用眼影刷沿着肌肉线条刷上肤色色粉。

 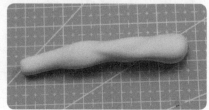

女生手臂的基础制作

制作方法

01 准备一个球形
黏土，用手掌将其
搓成一头粗一头细
的锥体，作为手臂。

02 将整个手臂长度的1/2处搓细，作为上、下半截手臂的分界处，接着以此为基准分别往两头搓，边搓边调整手臂的粗细，从而塑造出手臂的大体形状。

03 用男生手臂的基础制作中步骤02~04的方法塑造出女生的手臂形状。

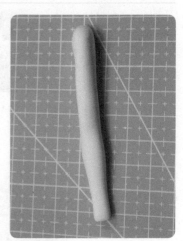

04 将下半截手臂稍微捏扁，按手臂上下1:1的比例用大弯头剪把多余的部分剪掉。

  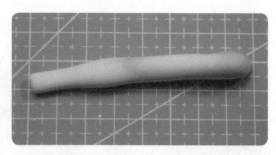

05 用面相笔蘸取肤色色粉，在手肘处刷"V"字，然后用眼影刷以点涂的方式将颜色晕开。至此，粉粉嫩嫩的手臂制作完成。

小提示 手肘窝处、肩头等部分也别忘记刷色粉。

3.2.2 不同手部动作的制作方法

在制作黏土手办的过程中，手部动作的制作可以说是一个比较难掌握的内容。跟随手部的动作变化，其手指间的比例、指节结构及整个手部动作的呈现效果都是需要重点注意的。下面，我们通过对 3 种手部动作的捏制，来详解手部动作的制作方法，大家也可以跟着一起制作。

舒展的手

此手部动作的手掌呈完全张开的状态，各手指均无弯曲。制作这个手部动作时，需先一一剪出各个手指，再塑造出手指的基本形态。

制作方法

01 用压泥板将肤色黏土压成一头粗一头稍细的锥体，细的一端压扁后作为手掌。在约 2 倍手掌长的位置，用棒针细尖的一端横向下压，用拇指与食指搓黏土，将下压处搓细后作为手腕。

02 调整手腕的粗细，再对手部进行调整，塑造出大体轮廓。

03 用拇指和食指捏住手部，并用拇指朝黏土塑造的手部的指尖方向推动黏土，使手腕到指尖的黏土厚度逐渐变薄。接着用棒针细尖的一端往手掌方向滚动，加强手掌末端与手腕的分界线。

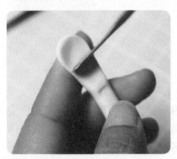

04 用大金属抹刀在手部1/2处横着压一刀，区分出手指与手掌，再用棒针细尖的一端朝指尖的方向滚动，将黏土压得再薄一点。

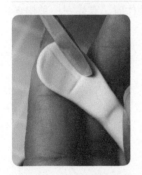
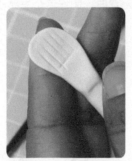

05 用大金属抹刀在手指区域的1/2处先横向压一刀，以这条线为基准分别在左右两边竖向压出2根手指的压痕，用小直头剪先剪掉左右两边多余的黏土。

小提示 在此阶段手指不需要太细，因为新手很容易将手指剪得粗细不一致，所以一开始手指可以留粗一点，后期可再次修改。

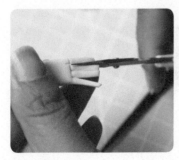

06 用小直头剪依次剪开手指，可通过调整手指的相对长度来区分左右手。

07 用大金属抹刀将 4 根手指完全分开，用小直头剪修剪手指并调整指尖的形状，接着用棒针细尖的一端（或抹刀边缘）在手心压出掌纹。

08 用肤色黏土搓一个小小的锥体作为拇指。先用拇指与食指轻轻捏住拇指尖端使指尖跷起，再调整拇指的粗细。

09 调整拇指根部。将做好的拇指放在手部末端 1/2 处，与半边手掌重叠，用棒针粗圆的一端将拇指的黏土往手掌方向滚动，让拇指无痕衔接在手掌上。

  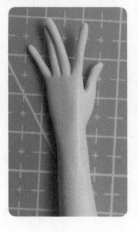 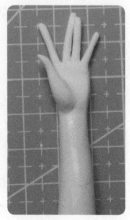

10 用酒精棉片将衔接处打磨光滑，打磨好后晾干。

小提示 在可以在酒精棉片上喷一点水，这样打磨后的效果会更好。

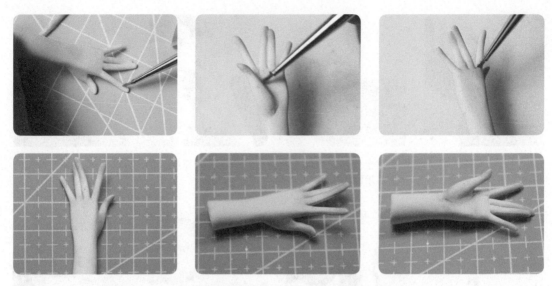

11 用面相笔蘸取肤色或者少量红色色粉涂在指尖和指缝处，给手部"上妆"。

放松的手

此手部动作的手掌呈自然张开的状态，手指微微向掌心收拢，呈弯曲状，手指指节特征明显，手指间间距相等。以上状态想要在实际捏制时表现出来，同样要先剪出手指再做细致的调整。

🧠 制作方法 📖

01 做好4根手指的基础形状后（制作方法参考舒展的手制作步骤01~06），用小金属抹刀按压手指根部，将小指折成90°。

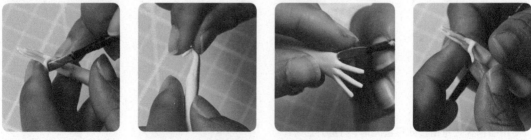

02 用小金属抹刀在小指关节处往上推，折出指节。接着在关节背面轻轻一捏，固定小指的弯曲角度。

小提示 二次元人物的手指不需要做得特别真实，做两段指节也行。

03 用同样的方法弯折除拇指和小指之外的其他手指的指节。

04 将指尖捏住并往上弯，让指尖跷起好看的弧度。

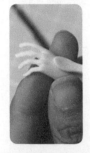

05 用勺形工具的圆端背面朝指缝方向推出手背上的筋。用勺形工具的尖端压出指缝中间的骨骼。

06 用弯头镊子调整弯曲指关节时关节部分受力变宽的手指。

07 用棒针细尖的一端压出掌纹。

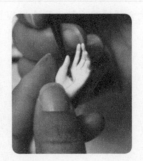

08 用舒展的手制作步骤 08 ~ 09 的方法给手掌衔接上拇指。

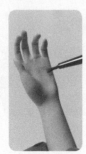

09 用面相笔给手背指缝、骨骼的凹处和掌纹等区域刷上红色色粉。

握拳的手

此手部动作呈自然握拳的状态，手指弯曲向掌心收拢，手指指节特征明显。与前面两个动作不同，捏制此动作需先弯曲除拇指外的其他手指，在塑造手指及指节特征时再剪开进一步进行调整。

制作方法

01 用小直头剪剪出手部大体轮廓（手部基础形状制作方法参考舒展的手制作步骤01~04）。因为手太小，做握拳动作时一根根调整手指会很麻烦，所以可先将4根手指一起折成90°后，再依次剪开。

02 先用小直头剪剪开手指，并剪出手指的相对长度。再用棒针或勺形工具将手指分开，防止粘黏在一起。

小提示 **之前用的工具是大金属抹刀，熟练后会发现其实很多工具能换着使用。**

03 将小指指缝再推开一些，做出手指的指节和弯曲角度。

04 用同样的方法弯折除拇指外的其他手指。

小提示 **捏手比较难，因为手太小，黏土又会随着时间的流逝变干、膨胀，所以尽量用 Love Clay 超轻黏土这类质量好一点的黏土来制作手和身体。当然，平时多加练习也很重要。**

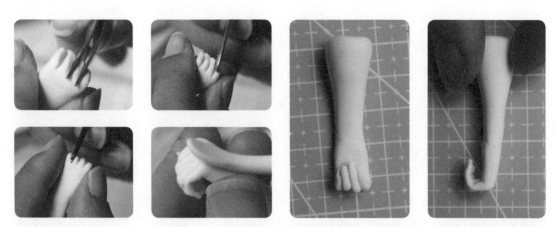

05 分别使用弯头镊子、大金属抹刀、棒针、勺形工具等辅助塑形工具将手指、手指指缝及手背调整成自己喜欢的样子。

06 将做好的拇指部件接在手掌上。滚动棒针抹平接缝，用小直头剪修剪拇指的形状，并用手弯曲拇指指尖（制作方法可以参考舒展的手制作步骤 08~09 ）。

小提示 如果觉得拇指过大，可用小直头剪进行修剪。

07 用面相笔蘸取红色或者肤色色粉，刷在指缝间、手背骨骼凹陷处和掌心位置。至此，握拳的手部动作制作完成。

其他手部动作

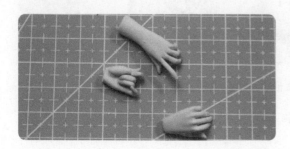

除了上述常用的舒展、放松、握拳这 3 种手部动作以外，还有左图展示的其他手部动作。这些手部动作需要大家练习好基础的 3 种手部动作后，再尝试自己制作。希望大家融会贯通，制作出更多不同的手部动作。

3.3 腿部的制作方法

前面我们学习了男女生的上半身和手臂制作方法，下面我们来学习男女生的腿部制作方法。

3.3.1 腿部的基础制作

腿部的基础制作是指呈直立状态的腿部形态制作。制作黏土手办的腿部时，需要注意区分男女生腿部的各自特征，选用合适的捏制手法。制作时可对照人体模型部件去塑造手办人物的腿部形态。

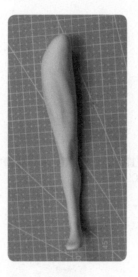
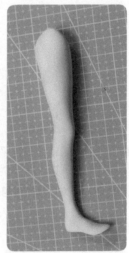

男生

与手臂特征类似，男生的大腿和小腿肌肉发达，特别是大腿肌肉强壮，肌肉线条和结构十分清晰，骨骼点也十分明显。

女生

与手臂特征类似，女生的大腿是由许多脂肪构成的，因此十分柔软，无明显的肌肉感。从视觉角度来说，女生的大腿形态更浑圆，骨骼点较为圆润及模糊，不像男生那样能清晰地显现在腿部形态表面。

男生腿部的基础制作

制作方法

01 将适量肤色黏土搓成锥体作为男生腿型的基础形状。

02 将锥形黏土的尖端弯折 90° 作为脚掌。接着把食指放在脚掌上，将拇指与中指分别放在左右两侧，用另一只手的拇指将脚腕处的黏土往脚后跟方向推，调整出脚掌的初始形状。

03 从不同角度调整脚的形状。用手指先将脚后跟捏窄一点，再将脚尖捏尖，形成一个三角形。接着搓细脚腕，用拇指在脚后跟处捏出足弓。

小提示 搓脚腕时，脚掌部分可能会变形凸起。

04 调整正面脚掌。将正面脚掌捏细形成一个三角形，向上捏出一个有弧度的脚尖。随时注意调整脚腕的粗细，捏出脚的大体形状。

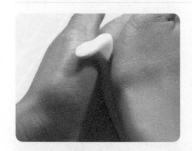

05 把脚踝搓到合适的粗细，顺便可以将小腿一同搓细，并调整整个腿部的粗细。用勺形工具的圆端脊面压出脚踝骨。

06 用拇指指腹将脚踝处的压痕朝脚掌方向抹。这样可以在保留脚踝骨的同时，使脚踝骨的形状柔和过渡。

07 从脚踝开始，慢慢搓出小腿、膝关节和大腿等部位的形状。

小提示 搓的时候注意把握腿型的粗细变化，整体表现为脚踝（细）→小腿肚（稍粗）→膝关节（比脚踝粗，比小腿肚细）→大腿（粗）。

08 用两只手的拇指捏小腿前面，让小腿横截面不再是圆形，而是接近于扇形。

09 先将膝关节处稍稍弯折，接着用拇指与食指捏住弯折处，用另一只手的拇指将黏土轻轻往前推，再将弯折的腿掰直，膝盖就制作出来了。

  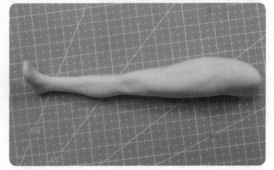

10 用勺形工具细尖的一端压出小腿和大腿的肌肉结构，再用拇指指腹抹平压痕。

11 先调整出大腿根处，再用勺形工具细尖的一端压出膝盖的棱角。

12 用眼影刷蘸取肤色色粉,刷在膝盖窝和脚踝骨处。与腹部上色一样,要沿着肌肉结构线刷色粉。男生腿部涂色完成。

女生腿部的基础制作

制作方法

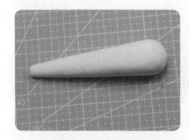 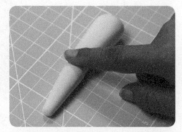 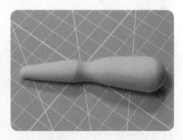

01 用适量肤色黏土搓出一个锥体,用手指搓细锥体的 1/2 处作为女生腿部的膝盖。

  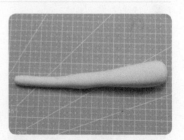

02 用手掌上的拇指根部从膝盖处开始搓,一边搓一边缓慢地朝黏土粗的一端移动,搓出大腿形状。接着再从膝盖处开始搓,一边搓一边缓慢地朝黏土细的一端移动,搓出小腿和脚踝的形状。

03 在膝关节处稍稍弯折,用拇指与食指捏住膝盖处,用另一只手的拇指将黏土轻轻往前推,再将弯折的腿掰直,女生腿部的膝盖就制作出来了。

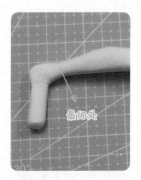

04 用手调整腿部形状。

05 弯折脚踝最细处往下一点的地方，将弯折部分作为脚掌。

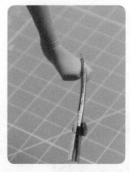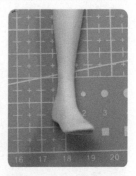

06 从脚背开始逐渐捏扁脚部，使其从侧面看呈一个三角形。用小弯头剪剪出脚的形状，用拇指与食指沿着脚底边缘捏出棱角。

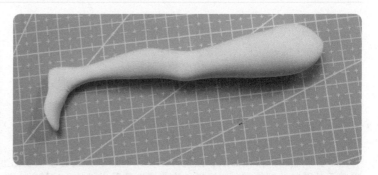

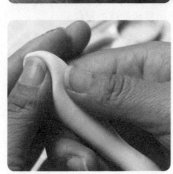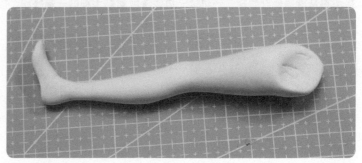

07 用两只手的拇指捏小腿前面，让小腿横截面接近于扇形。然后把大腿根部斜着捏出一个斜面，或直接用刀片切出一个斜面，方便以后与身体衔接。至此，女生的腿部制作完成。

3.3.2 腿部的不同动作的制作

相较于手部的不同动作的制作，制作黏土手办的腿部动作是比较容易的，但需注意腿弯曲时腿部肌肉的表现效果。

屈腿

此腿部动作呈大约 90° 的自然弯曲状态，腿部肌肉松弛，膝盖骨骼突出明显。

制作方法

01 做出腿部的基础形状之后，将膝盖处弯折 90°，将拇指与食指放在膝盖两侧，用另一只手的拇指将大腿的黏土往膝盖方向推。

02 从不同角度观察并调整腿部形状。

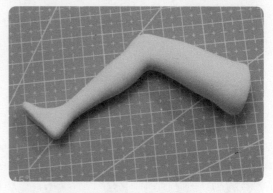

03 将大腿末端往上折，制作出臀部。最后，用眉刀和小弯头剪将大腿根部切成斜面。

小技巧 保留平整的大腿根部边缘的切法

切割时，黏土表面虽然已经变得干燥，但里面的黏土还很湿软，直接一刀切下，会使切面变形凹陷进去。这时，我们可以先用眉刀切一圈，在表面切开口子后，再一点一点绕圈切，最后再用小弯头剪剪掉。

跪姿

此腿部动作呈跪坐姿态，大腿肌肉向上紧绷，膝盖骨骼同样突出明显。

❮ 制作方法 ❯

01 做出腿部的基础形状之后，将膝盖处弯折90°。接着将拇指与食指放在膝盖两侧，用另一只手的拇指将大腿的黏土往膝盖方向推。

02 在略低于膝盖的位置将小腿再次弯折90°，使腿部呈跪坐姿态。再用手调整膝盖处的粗细与形态。

03 把大腿末端部分往上折，制作出臀部。

  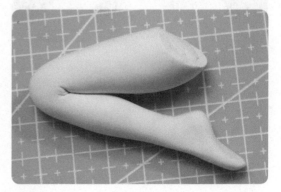

04 用眉刀和小弯头剪将臀部切成斜面，方便之后衔接身体。

第 4 章

手办人物服饰
与道具的制作解析

4.1 服装的褶皱

服装上的褶皱是制作黏土手办服装的重要内容。受多种因素影响，褶皱分布在服装的不同位置上，而又因分布位置的差异，其制作方法也是不一样的。下面为大家简单介绍褶皱的分布及其相应的制作方法。

4.1.1 褶皱的分布

❁手肘等关节位置❁　　❁衣襟和臀部等绑扎位置❁　　❁宽大的裙摆和袖口等位置❁

挤压 / 堆积褶皱　　　　　　**拉伸 / 牵引褶皱**　　　　　　**重力作用下的褶皱**

手臂弯曲时，上臂和小臂的部分布料会朝肘部弯曲方向聚集，由此形成褶皱。

两个或多个部位朝相反的方向施力，就会使布料处于拉伸或牵引状态，从而产生呈直线状的褶皱。

因布料本身的重量，在重力作用下会产生向下的褶皱。

4.1.2 褶皱制作方法

本书根据褶皱分布的位置，主要采用压痕和贴片两种方法来制作褶皱。

褶皱的不同制作方法

压痕　直接在臀部素体上用塑形工具做出不同分布位置上的褶皱，比如人物的四肢关节、脚腕、短裤等处的褶皱。

贴片　在衣服片上折出服装褶皱后贴在身体上，并配合相关塑形工具调整褶皱形态，比如人物身体躯干部位的衣服和裤子上的褶皱。

制作褶皱——压痕

制作短裤上的褶皱

在准备好的臀部素体上贴短裤的裤片，再利用塑形工具压出大腿根部的褶皱。

制作脚踝处的褶皱

选取适量黏土捏出脚部形状，再在脚踝位置处用塑形工具压出脚踝处的褶皱。

采用压痕方法制作短裤上的褶皱

01 准备一个已经干透的臀部素体。

小提示此处只演示短裤上褶皱的做法，所以用臀部素体做演示，完整身体制作参考第6章的男生完整案例。

02 用黑色的树脂土与超轻黏土1:1混合，混合均匀后用擀泥杖擀成片，厚度略小于1mm。

小提示树脂土能够增加黏土的光泽度，让黏土手办更有质感，看上去更"高级"。

需保留的裤子长度

03 将身体隔空放在黏土片上方，找到裤子合适的长度，用长刀片做标记后再裁切。

小提示保留的裤片长度要比实际的裤子长度更长，以便于后期修剪，比如实际裤长大概为3cm，则需裁切4~5cm的裤片。

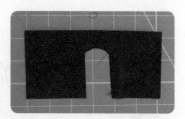

04 用眉刀在裤片正中央切出"n"字，拿掉切除的部分后做出裤子的裆部，将裤片晾一会儿。

小提示如果裤片太湿，贴的时候容易粘在身体上，一撕就破，太干裤片又贴不上去，不方便后续制作，所以要把握好晾干的时间。

小技巧 判断黏土薄片最合适的干湿度的方法

先将裤片随意贴在身体上，如果略有黏性，但能干净地撕下来，那么这样的干湿度是最合适的。大家可以多尝试一下，学会把握最合适的干湿度。另外本书制作衣服使用的超轻黏土的品牌是小哥比，此品牌的黏土黏性适度，是一款稍贵但绝对适合新手的黏土，推荐新手们使用。

05 用自动铅笔在身体中间划出一条线，将裤子边缘刚好压在线上，这样能使门襟保持在正中间，不会贴歪。转到背面，同样将边缘贴在正中间，让裤子贴合臀部，注意不要压到裤腿，以便留出裤腿与大腿间的空隙。

06 修剪边缘，让边缘处于身体侧面 1/2 处，再将另外半边裤子轻轻覆盖上去。

07 重叠部分会透出上面一层的边缘线，沿着那条直线用眉刀切掉多余的裤边和腰部多余的裤边。

08 重复步骤 05~07 的操作，将另外半边裤子与臀部贴合。

09 用棒针和勺形工具压制褶皱。先用棒针细尖的一端在裆部压出"＞＜"形褶皱，再用勺形工具的尖端给"＞＜"形褶皱增加一点弧度，接着用小金属抹刀调整裤腿。

小技巧 压制裤子褶皱的注意要点

1. 裤子正反面的褶皱制作方法相同。
2. 贴好裤子后就能立即压褶皱了，不需要等裤子变干燥。

10 右图所示为多角度裤子的褶皱效果展示图。

小提示 贴裤片的时候很容易留下各种小瑕疵，如果在之后的制作中能被遮住，就不需要太在意。

采用压痕方法制作脚踝处的褶皱

01 准备一只用棕色黏土制作的且还未干燥的脚部素体（参考 3.3.1 小节男生腿部的基础制作），利用勺形工具的圆端边缘压出褶皱。

小提示 压制脚踝处的褶皱前，一定要想好褶皱形状，这个可以在网上搜索相关图片作为参考。

02 右图所示为脚腕处的褶皱的多角度效果展示图。

制作褶皱——贴片

制作衣服上的褶皱

在衣服片上大致叠出衣服的褶皱纹路，接着贴在身体素体上，利用塑形工具再进一步细化衣服上的褶皱。

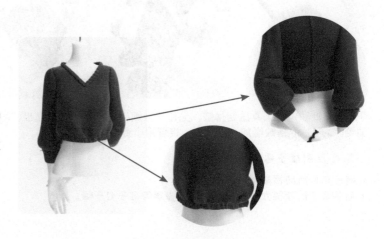

采用贴片方法制作衣服上的褶皱

01 准备一片切出直边的棕色黏土片，将直边上折出"Z"字形褶皱，用手指将褶皱边缘抹平。

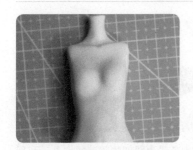  

02 准备一个已经晾干的女生上半身素体（制作方法参考 3.1.2 小节）。用衣服片盖住身体正面，用棒针压住边缘处并向下滚动，使褶皱粘在身体上。

 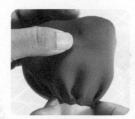  

03 将衣服片两侧往身体背面贴，注意下端边缘要保持在一条水平线上，不要转到背面后就越贴越低。再将锁骨处的衣服片与身体贴合，此处可用手指捏住肩膀，让肩膀上多余的衣服片与之贴合，使我们能清楚看到肩颈线条。

04 沿后背正中间的背脊线用眉刀笔直地切去多余的衣服片，接着用大弯头剪剪掉衣服底端边缘和肩膀处的不平整且多余的衣服片。

05 用同样的方法让另一侧的衣服片与身体贴合，再用眉刀沿着脖子切掉多余的衣服片。衣服主体制作完成。

06 用勺形工具调整褶皱。用勺形工具的圆端背面压出身体两侧的褶皱，用尖端调整衣服底端边缘处的褶皱，然后用小直头剪进行修剪，完成衣服褶皱的制作。

 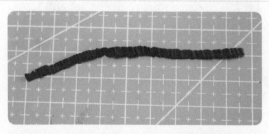

07 添加服装的细节。准备好棕色的黏土长条，用棒针细尖的一端边压边朝一侧推的方法做出服装的花边。

08 在花边边缘涂上白乳胶贴在衣服底端，用小金属抹刀将衣服底端与身体黏合的地方分开，形成宽松的衣服的效果。

09 用眉刀划出"V"字，用小弯头剪剪开后给衣领贴上装饰花边。

10 准备一个棕色黏土球，用压泥板搓成圆柱体，然后用手稍稍压扁一侧，贴在肩膀处并调整肩头的形状。

11 将袖子撕下来，用勺形工具的圆端背面压出肩头和袖口处的褶皱。找到尺寸合适的切圆工具，将其捅进袖子里，去除多余的黏土。

12 把调整好形状的袖子固定在肩部，用勺形工具的尖端压出袖口处的褶皱，接着用同样的方法把做出的另一只袖子固定在肩部，用勺形工具的圆端调整腋窝处的褶皱形态。

13 准备一只晾干的手部素体。

14 在手臂上贴一圈准备好的棕色黏土长条，再加上扣子，袖口便制作完成。

小提示 如果黏土条太干贴不上去，可在黏土条上刷一些水，使其恢复一点黏性。

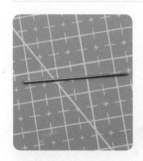   

15 将长 3cm 左右、直径为 1.5mm 的钢丝插在手臂里，将手与袖子连接起来。

小提示 不要选用铁丝，因为铁丝会生锈，久放后红褐色锈迹会渗透出来。

16 将准备好的另一只手（手腕上可添加装饰物，如手链）插上钢丝后安装在袖子上。完成衣服上褶皱的制作。

4.2 服装上的装饰

服装上的装饰是丰富人物细节、细化人物形象的重要部分，常用的装饰元素有花边、蝴蝶结、穗子等。注意，要结合人物形象特征去选择装饰元素。

4.2.1 花边装饰

用作装饰的花边样式有很多，且花边装饰在二次元、Q版和萌系等人物服装上使用非常频繁，它能够让人物变得非常可爱。

花边样式展示

蕾丝花边

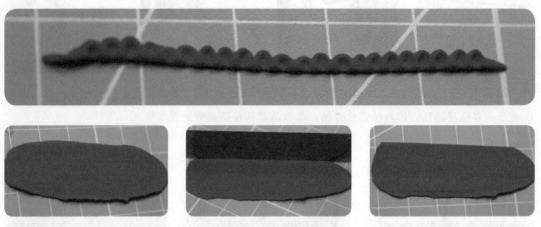

01 准备一块橙色黏土片，用长刀片将黏土片的一边切出直边。

02 用压痕笔向下压并往前推，做出一排花边，接着用长刀片切掉多余部分即可。

薄片褶皱花边

普通花边

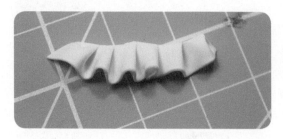

01 在白色黏土片上切出一条直边，手指捏住黏土片两端向中间推，让下端粘住，上端保持分离。重复此手法折出多个褶皱从而形成褶皱花边。

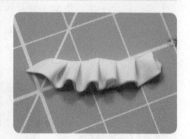

02 用手将褶皱花边的下端捏实，然后用大弯头剪剪掉多余部分，这样就做好了褶皱花边。

"工"字形花边

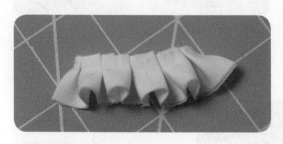
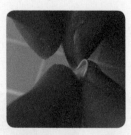

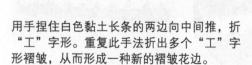

用手捏住白色黏土长条的两边向中间推，折"工"字形。重复此手法折出多个"工"字形褶皱，从而形成一种新的褶皱花边。

衬衣花边

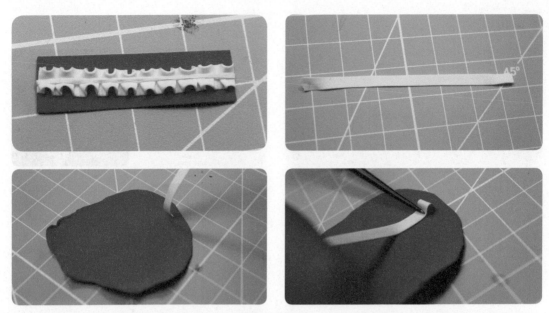

01 将切好的一条白色黏土薄片放在厚一点的橙色黏土片上，用棒针细尖的一端辅助折出一节花边。

小提示此处制作的花边样式为衬衣花边，为了更好地展示花边效果，特将花边贴在橙色黏土片上。

02 重复花边制作手法，尽可能地折出多节花边。

03 将直径大约为 1.5mm 的钢丝放在花边正中间，向下压的同时朝左右两边滚动，扩大凹槽的宽度。

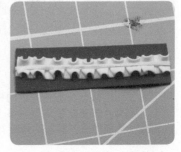

04 用长刀片切出细黏土条，贴在花边中间的凹槽上，简单修剪后做出衬衣花边，花边效果如上图所示。

波纹花边

波浪衣边

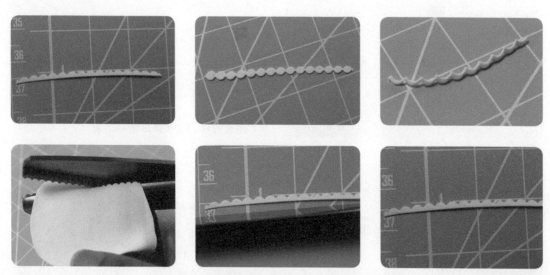

用 3mm 波浪锯齿花边剪在白色黏土片上剪出花边样式。

花边剪剪出的其他花边样式展示

3mm 波浪锯齿花边剪能剪出不同的波纹花边，大家可以探索更多的剪法。

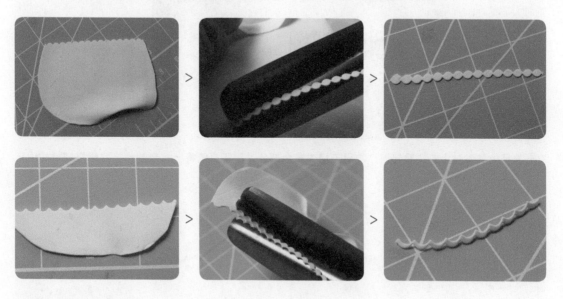

4.2.2 其他装饰

本书使用的装饰元素有蝴蝶结、穗子和拼色条纹 3 类。在黏土手办里，蝴蝶结装饰是很常见的，样式也比较多。大家也可以制作其他样式的装饰元素。

蝴蝶结样式一制作方法

01 用长刀片切出 8 条白色黏土条。

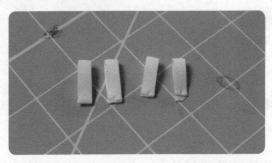

02 将其中短而粗的 4 条黏土条分别对折，再拼叠在一起，拼叠造型如上图所示。

03 将另外 4 条黏土条拼叠起来，拿眉刀切去多余部分，用压痕笔将上一步制作好的蝴蝶结样式固定在拼叠起来的黏土条部件上。

04 用 B-7000 胶水将珍珠装饰配件粘在蝴蝶结部件上。

05 用极细款面相笔蘸取黑色丙烯颜料，勾画蝴蝶结边缘处的细节，完成蝴蝶结样式一的制作。

🎏 蝴蝶结样式二制作方法 🎏

 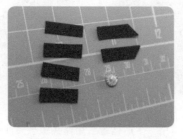 

01 分别准备4条黑色矩形黏土条、2条四边形黏土条和一枚珍珠 装饰配件。

02 弯曲长刀片，将4条矩形黏 土条切成中间凸起的形状。

03 将中间凸起的4条黏土条分别对折后，与余下2条黏土条拼接成蝴蝶结造型（拼接造型如上图所示），将准备好的珍珠装饰配件粘在蝴蝶结上。

🎏 蝴蝶结样式三制作方法 🎏

   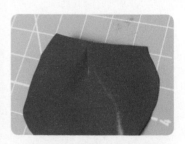

01 在红色树脂土片的直边上折一个"工"字形褶皱（制作方法与4.2.1小节中薄片褶皱花边的"工"字形花边相同）。

02 对折树脂土片，用大弯头剪剪出蝴蝶结造型。

小提示 图中用的红色树脂土能够增加此款蝴蝶结样式的质感。

03 拿一片红色树脂土片，折一个"m"字形褶皱后用弯头镊子夹住褶皱部分，然后对折黏土片，用大弯头剪剪出三角形。

04 将制作好的 4 个蝴蝶结部件用弯头镊子拼合起来，涂上胶水将其固定，然后在中间贴一条宽度适宜的长条即可。

穗子

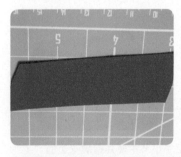  

01 准备一块宽约 3cm 的红色黏土片，在黏土片的宽 2/3 处用眉刀切出数条细长条。

02 在黏土片上半部分涂一层薄薄的白乳胶，用棒针将黏土片卷起，做出穗子的雏形。

03 切掉穗子多余的部分，准备一个带孔的珍珠装饰配件和黏土细条。用 B-7000 胶水对其进行粘贴组合，穗子就制作完成了。

🏵 拼色条纹 🏵

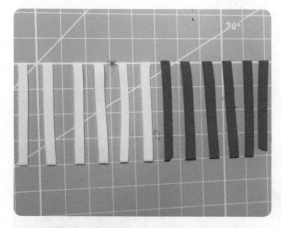

01 准备宽度一致的白色、橙色黏土条各6条。

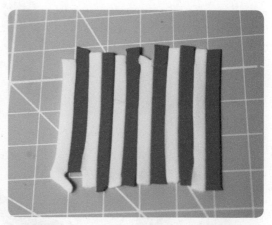

02 将白色、橙色黏土条按间隔拼接的方式组合在一起。

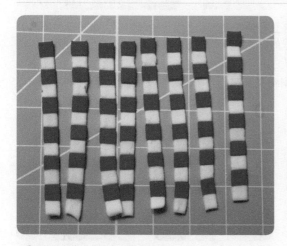

03 将拼接好的间色黏土片切开，尽可能保证白色和橙色的小方块是正方形的。

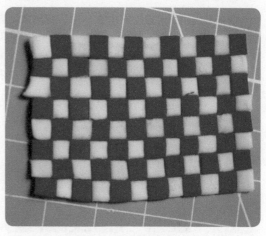

04 把切好的同色的黏土条按照"品"字形错位拼接，从而做出拼色条纹，拼接效果如上图所示。

4.3 鞋子的制作

鞋子是我们必不可少的生活用品，按穿着对象分为男鞋与女鞋，又可根据不同人群、不同环境场合分为多种风格类型。

4.3.1 英伦风商务男鞋

英伦风商务男鞋选用超轻黏土与树脂土混合后进行制作，利用透明文件夹这个特殊工具制作出鞋面，用圆规及压痕笔制作出鞋孔等，这样能给制作出来的英伦风商务男鞋增添真实感。

英伦风商务男鞋展示

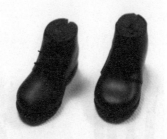

◀ 制作方法 ▶

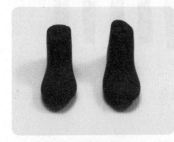

01 准备一双用黑色黏土制作的已经晾干的脚部素体（具体制作方法参考 3.3.1 小节男生腿部的基础制作步骤 01~04）。

02 将黑色树脂土与黑色超轻黏土 1:1 均匀混合，增加最终成品的质感。把混合好的黏土搓成长条状，放进透明文件夹里用擀泥杖擀成薄片。

小提示 薄片需擀得尽量薄，如果太厚，皮鞋就会变成靴子。

03 用长刀片切掉破损的部分，并将完整的薄片贴在脚部素体上，贴的时候不要着急，一点一点地贴，薄片内不要留有空气。

小技巧 在脚部素体上贴薄片的顺序

1. 先将鞋子前面贴好，再慢慢往两侧和鞋跟方向贴。

2. 贴的时候可以稍微拉扯一下薄片，让它贴合脚部。因为超轻黏土有较好的延展性，所以可以被稍微拉长而没有破损。

04 用小弯头剪慢慢剪掉脚后跟、鞋底等部分多余的黏土，注意不要有破损。

05 用眉刀和小弯头剪等工具将脚踝处修剪整齐。

06 将黑色黏土擀成薄片（厚度比之前厚一些，通过厚度的不同来表现层次感），用眉刀把薄片切出一个直角，作为皮鞋帮部件。

07 在鞋子上用自动铅笔画出皮鞋的纹理，防止皮鞋两侧贴上的皮鞋帮不对称。

   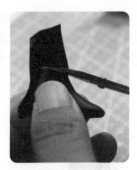

08 用大弯头剪将前面做出的皮鞋帮部件上锋利的直角修剪成圆角，在鞋子上涂一层白乳胶，按照铅笔标注的痕迹贴上去，再用大弯头剪对其进行修剪。

09 贴上另一边的皮鞋帮，注意两片皮鞋帮的接缝在脚后跟处。

10 制作鞋底片。拿出一片黑色黏土，用压泥板斜着把黑色黏土压成一边薄一边厚的黏土片，再用眉刀在薄的一侧切一刀。

11 在鞋底涂一层白乳胶。留出鞋跟位置，将做好的鞋底片贴在鞋底上，然后用小弯头剪修剪鞋底边缘。

12 将一个厚度为 1 ~ 1.5cm 的黑色黏土圆片切成半圆形，粘在涂有白乳胶的鞋底，作为鞋跟，用拇指和食指捏出鞋跟边缘。

13 制作鞋带。先用圆规标记出鞋带孔的分布位置，再用压痕笔捅出鞋带孔。

14 搓一条细长的黑色黏土条，利用压痕笔将鞋带压进鞋孔里。

 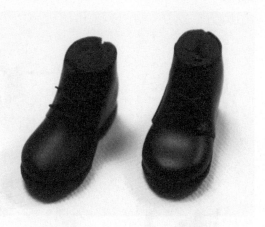

15 至此，英伦风商务男鞋就制作完成了。

小提示 如果要继续制作裤子，鞋带做到上图所示的程度就可以结束了，大家也可以尝试将鞋带补充完整。

4.3.2 复古英伦风小皮鞋

复古英伦风小皮鞋非常文艺可爱，其制作重点在于脚部素体不能做成脚本身的样子，而要做成鞋子的形状，脚底边缘需捏出棱角。

复古英伦风小皮鞋展示

❀ 制作方法 ❀

01 准备一只用肤色黏土制作的已经晾干的脚部素体（具体制作方法参考 3.3.1 小节男生腿部的基础制作步骤 01~04），再将白色树脂土擀成薄片。

02 和做英伦风商务男鞋一样，将薄片贴在脚上，通过轻轻拉扯、拉平褶皱等操作，使薄片贴合脚部。

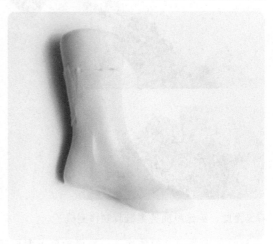

03 用眉刀和小弯头剪等工具修剪脚上多余的薄片，注意薄片的接缝在脚后位置。

04 用黑色树脂土与黑色超轻黏土 1 : 1 混合后擀成薄片，然后用切圆工具在薄片上切出一个圆，接着用眉刀将薄片切成上图所示的形状。

05 用自动铅笔标记鞋口边缘，将做好的薄片贴合在脚上。

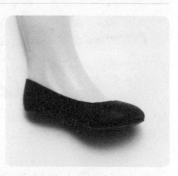

06 擀一张薄片，贴在脚底。贴上鞋底后用小弯头剪修剪鞋子边缘和鞋底部分多余的薄片。

07 用黑色黏土片制作复古英伦风小皮鞋的鞋跟。

08 把做好的鞋跟贴在涂有白乳胶的脚后跟处，用棒针以滚动的方式让鞋跟与脚后跟处紧密贴合。至此，复古英伦风小皮鞋的鞋身制作完成。

09 制作鞋子装饰。将黑色黏土细条粘贴到脚上作鞋带，并把白色树脂土薄片制成的花边粘到脚腕处作为袜子的装饰。

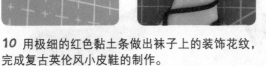

10 用极细的红色黏土条做出袜子上的装饰花纹，完成复古英伦风小皮鞋的制作。

🏵 复古英伦风小皮鞋其他款式展示 🏵

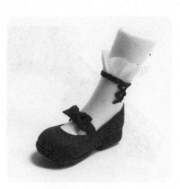

正面　　　　　　　　　　侧面　　　　　　　　　　侧面

4.3.3 简约风浅口高跟鞋

简约风浅口高跟鞋的做法与复古英伦风小皮鞋的做法基本一致，只是高跟鞋的鞋跟比小皮鞋的鞋跟要细一些。制作时，需先在脚部素体上贴上"U"字形鞋面，再固定一个锥体状的鞋跟。

简约风浅口高跟鞋展示

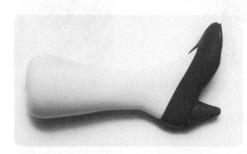

✣浅口高跟鞋制作✣

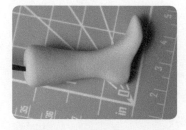

01 准备一只用肤色黏土制作的已经晾干的脚部素体（具体制作方法参考 3.3.1 小节男生腿部的基础制作步骤 01~04）。

02 用与复古英伦风小皮鞋一样的制作方法，把用红色黏土薄片制作的高跟鞋鞋面贴在脚部素体上，做出高跟鞋的鞋身。

03 继续把红色黏土薄片贴在脚底，作为鞋底。

小提示 高跟鞋的鞋底不宜太厚。

04 制作鞋跟。用压泥板搓出一个圆锥体的红色黏土作为鞋跟，用小弯头剪修剪鞋跟高度并将其贴在鞋跟处，最后用手将鞋跟与鞋底之间的接缝抹平。

05 用小弯头剪调整鞋跟高度与形状，简约风浅口高跟鞋就制作完成了。

❀浅口高跟鞋其他款式展示❀

正面　　　　　　　　　侧面　　　　　　　　　侧面

4.3.4 其他鞋子

和风凉木夹脚鞋

此款夹脚鞋属于和风，其亮点是有厚厚的木质鞋底与流苏蝴蝶结装饰。

❀多角度效果图展示❀

正面　　　　　　　　　侧面　　　　　　　　　侧面

4.4 配饰与道具的制作

配饰作为黏土手办整体形象的搭配装饰物，不仅可以美化人物形象，还可以强化人物气质。大家在制作黏土手办时，可以多尝试制作一些不同类型的配饰。

4.4.1 头饰

制作头饰时，可以用黏土和金属两种材料，二次元人物的头饰一般使用黏土材料来制作，而古风人物的头饰则大多使用金属材料来制作。

头饰讲解

黏土材料头饰

金属材料头饰

可以使用各种压花工具做出不同的形状，再用颜料上色以增加头饰的质感。

制作古风人物的头饰时通常会用到迷你金属花片。发挥你的创造力，用不同的花片组合创作出多样的头饰吧。

黏土材料头饰制作

01 准备白色黏土片和五角星压花器。用压花器在黏土片上压出不同大小的五角星，放在一旁晾干。

02 准备白色珠光粉并加水调成糊状。

小提示 此处也可以用温莎牛顿丙烯调和液。

03 用极细款面相笔蘸取调和好的珠光粉液体刷在五角星上，然后把五角星贴在准备好的黏土手办的头发上作为装饰。

🏵️ 金属材料头饰制作 🏵️

01 准备上图所示的超薄迷你金属花片和直径为 0.2mm 透明塑料丝线。用透明塑料丝线将准备好的金属花片连接组合成金属头饰。

02 准备两片金属花片作为头饰。

03 用 B-7000 胶水将花片贴在准备好的黏土手办的头发上。

小提示制作古风人物的头饰时，大家可以发挥自己的创造力，选用不同的金属花片进行各种创意组合。

4.4.2 包包

在黏土手办的配饰制作里，包包的款式不多，潮流小挎包和日系原宿学生包比较受黏土手工者的喜爱。

包包款式介绍

潮流小挎包
用金属链与金属花片增加小挎包的时尚精致感。

日系原宿学生包
日本高中生常用的手提包，其特点是简约、大方。

潮流小挎包制作

01 用压泥板将白色黏土球搓成圆柱体，然后继续用压泥板斜着将黏土压成一边薄一边厚的形态。

02 利用垫板上的格子，用眉刀将黏土片切成梯形以作为挎包主体。

03 将蓝色、黄色超轻黏土与黑色树脂土混合，调出深蓝色黏土并擀成薄片，用3mm波浪锯齿花边剪剪出上图所示的形状。

04 把带花边的薄片贴在挎包主体上，效果如上图所示。

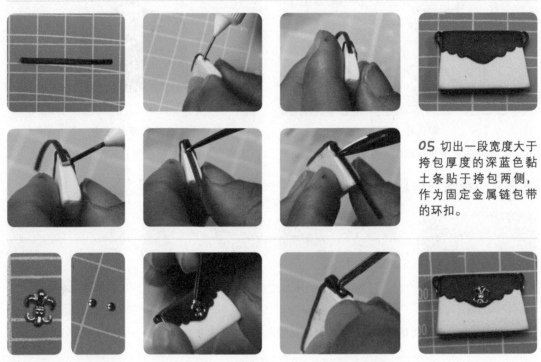

05 切出一段宽度大于挎包厚度的深蓝色黏土条贴于挎包两侧，作为固定金属链包带的环扣。

06 选择自己喜欢的金属花片和美甲铆钉，分别装饰在挎包上和挎包两侧。

07 把准备好的特细金属链条穿过挎包两侧的环扣，用 B-7000 胶水把链条粘上，完成潮流小挎包的制作。

日系原宿学生包制作

01 将红色黏土切成有厚度的梯形作为学生包内部本体，放置1小时左右晾干（具体做法参考潮流小挎包制作步骤01~02）。

02 将褐色、黑色树脂土混合成深褐色树脂土后，放在透明文件夹里用擀泥杖擀成薄片。

03 用深褐色树脂土薄片包裹住学生包内部本体，然后用小直头剪修剪学生包上多余的树脂土，做出学生包的主体。

04 用眉刀在一块黏土薄片上切一条直边，将包的一侧放置于直边处，并切出上图所示的薄片形状，用手翻折薄片使之贴合学生包。

05 制作提手部分。切一条与包体宽度相当的深褐色树脂土长条，在树脂土长条两端涂上白乳胶，粘在学生包的顶部。

06 在手提两端和包包正面开口处中心粘上美甲铆钉，用来作为学生包上面的金属扣。至此，日系原宿学生包制作完成。

4.4.3 刀剑

在古代，刀剑主要的用途是攻击和防御。黏土手办制作中，刀剑更多是为了搭配古风人物形象，相较本身的实用功能，其装饰性功能更为突出。

刀剑配饰介绍

刀 剑

刀由刀身和刀柄构成，其特点是刀身狭长，薄刃厚脊。

剑由剑身和剑柄构成，其特点是直身尖峰，剑身细长，两侧有刃。

刀剑配饰制作

刀身制作

01 将银色树脂土充分揉匀，用压泥板搓成条，压扁至一定厚度后，继续用压泥板斜着压成一边薄一边厚的长条形，以作为刀身的基础形状。

02 弯曲长刀片，把刀身基础形状切出刀身的具体形状，然后用眉刀修剪刀身造型。

❧ 剑身制作 ❧

01 用银色树脂土做出剑身的基础形状。

02 剑素有"百兵之君"的美称,两侧有刃,所以制作时剑身左右两边都要用压泥板压薄,做出剑刃。

03 用眉刀修剪出剑尖和剑刃,完成剑身的制作。

❧ 刀柄与剑柄制作 ❧

01 用切圆工具在褐色树脂土块上切出圆形,继续用同一切圆工具按错位裁切方式将圆形树脂土片切成眼睛形状。

02 准备一块新的褐色树脂土并揉成扁圆柱体,一分为二,作为刀柄。准备好刀身和剑身部件、刀柄和剑柄部件以及美甲铆钉,如右图所示。

03 用 B-7000 胶水和白乳胶将各个组件拼接起来即可。

4.4.4 笛子

笛子是一种古老的乐器，也可作为人们手中的装饰道具，是制作古风人物的常用配饰。

制作笛子

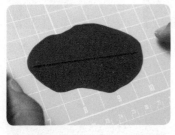 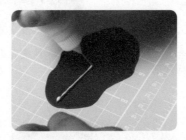 

01 将适量褐色树脂土擀成薄片，接着把直径为 1mm 的钢丝置于其上，给钢丝涂上白乳胶，对折薄片将钢丝包裹住。

   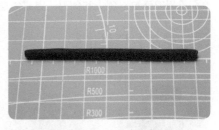

02 用长刀片和小直头剪修剪裹有钢丝部件的薄片，然后用压泥板将钢丝部件搓圆，做出笛子主体。

03 用极细款面相笔蘸取红色丙烯颜料，给笛子主体画上装饰性图案，然后用微型电钻钻出笛子上的孔洞。

小提示笛子上孔洞的分布可参考真实笛子的结构。

   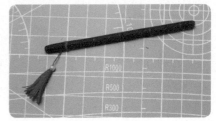

04 在笛子尾端加上穗子进行装饰。笛子制作完成。

4.5 常见服装制作

JK 制服、小礼服、古装这 3 种服装是制作黏土手办比较常用的服装款式，下面就为大家介绍每款服装的制作方法。

常见服装特征解析

JK 制服

小礼服

古装

JK 制服为日本女子高中制服。

小礼服的裙长在膝盖上下。

古装的特点是披纱大袖，敞领对襟。

4.5.1 JK 制服

JK 制服是日本女子高中制服的统称，根据制服的衣领形状分为札幌襟、关东襟、关西襟、名古屋襟 4 种类型。此处制作的 JK 制服衣领形状为关东襟，其特征是领子比肩窄，衣领为直线型，胸部遮挡可有可无。

JK 制服制作

制作裙子

01 准备一个身体素体（身体制作方法参考第 3 章的内容）。

02 将黑色树脂土与红、蓝两色超轻黏土均匀混合成紫色。

03 把紫色黏土放在透明文件夹里用擀泥杖擀成薄片，弯曲长刀片切出圆弧，接着用圆规比出裙子长度，并在黏土片两侧做出标记。

小提示 弯曲长刀片时动作可以慢一点，防止其突然断裂。

04 弯曲长刀片按标记点位置切出裙摆。

05 利用垫板上的圆弧图案，用长刀片先压出裙摆上的痕迹。

06 用眉刀按照痕迹切出长条，再将长条相互重叠，接着剪掉上端参差不齐的地方。

小提示 如果不能一次性贴成完整的裙片，可拆分成几块裙片。

07 将所有裙片用白乳胶拼成一个完整的裙片，然后用塑料切圆工具在裙腰处压出一道痕迹，用小弯头剪沿着痕迹将裙腰修剪圆滑。

08 在裙腰内侧涂上白乳胶，贴在身体素体腰部位置，同时剪去多余部分。

09 用白乳胶把裙片粘在一起，接着用大弯头剪修剪裙摆。

小提示如果百褶裙下摆贴得长短不一致，那就统一都减掉。

制作上衣

10 将白色黏土擀成薄片，身体悬空于薄片上方。用长刀片切出制作上衣需要的长度，比实际上衣的长度长一点，给后面的修剪留出余地。然后刷上痱子粉防粘。

11 做出两片衣服片后贴在身体前后，用大弯头剪剪去多余部分。

12 制作袖子。将黏土搓成水滴状，并将其微微捏扁贴在肩头处，剪掉多余黏土，用棒针压出肩头处的褶皱，最后用眉刀切出衣服的领口。

13 用圆规比出肩宽，在制作外衣的紫色黏土片上做上标记，用眉刀根据标记点切出与肩同宽的衣服片。

14 选一个大小适宜的切圆工具在衣服片上切圆，再用眉刀切出上图所示的图形，接着将其放在肩上，用大弯头剪修剪出衣领样式。

添加装饰

15 制作蝴蝶结装饰。切出两片三角形红色黏土片贴在衣领下方。

16 准备两片水滴形薄片，用棒针细尖的一端在水滴形薄片的尖端处压出凹痕，然后用眉刀裁切水滴形薄片的两端，将其粘在衣领下方拼接成蝴蝶结。

17 给衣领和袖子添加细节。从身体上小心地取下袖子，贴上袖口细节。在袖子与肩头的衔接处涂上白乳胶后将袖子粘回肩头处，完成 JK 制服的制作。

4.5.2 小礼服

小礼服是以裙装为基础设计出来的一种礼服类型，具有轻便、舒适的特性。小礼服可以根据不同场合制作不一样的裙身长度，其高端的面料与贴身剪裁工艺完美地展现了女生的曲线美。

小礼服制作

制作上衣

01 在白色黏土片上切一条直边，利用棒针将直边边缘向内扣，作为衣服片。

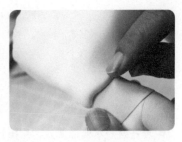

02 将衣服片下边缘紧紧贴在准备好的女生身体素体的腰部位置处（身体制作方法参考第3章的内容）。

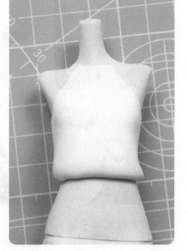

03 用眉刀切出上衣造型。

04 用勺形工具与棒针压出衣服上的褶皱。

05 准备一片带直边的白色黏土片，同样将该黏土片贴在身体背面，在往上翻黏土片的同时塑造出衣服的内扣效果。

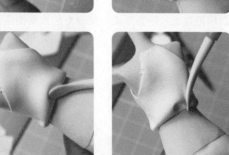

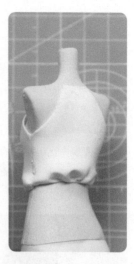

06 用小直头剪和眉刀剪剪出衣服造型,用勺形工具压出褶皱。前后两片衣服片的接缝在身体侧面。

小技巧 束腰造型下,衣服在腰部的内扣效果制作方法

要做出衣服内扣的效果,有各种不同的做法。为做出衣服在腰部的内扣效果,此处使用了两种方法。
1. 在衣服片上利用工具先做出内扣造型,再将衣服片贴在腰部(如步骤01~02)。
2. 先将衣服片贴在腰部,再利用工具做出内扣造型(如步骤05)。
大家可以选择适合自己的方法去做。

🌸 制作下裙 🌸

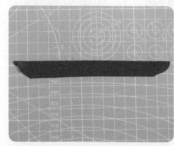

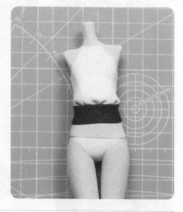

01 将红色树脂土与红色超轻黏土 1∶1 混合均匀,擀成薄片后切出宽 1cm 的长条绕在腰部作为腰带,然后用棒针粗圆的一端调整腰带的细节。

02 用直径大约 5cm 的塑料切圆工具,在红色树脂土与红色超轻黏土 1∶1 混合均匀后擀出的黏土片上切出圆弧。

03 用圆规先比出裙子的长度，裙子到膝盖上面一点。然后把黏土片的弧形边与垫板上的圆圈图案重叠，接着把圆规定在垫板上圆圈的圆心处，另一头在黏土片上均匀点出 5 个点，最后弯曲长刀片，沿着 5 个定点切出圆弧。

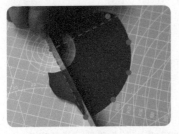  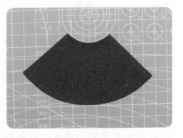

04 用长刀片分别压住圆心与最左、右两边的定点，并切掉两侧多余的黏土，切出扇形的裙片。

小提示 因为没有足够大的切圆工具，所以只能用这种方法切出一个标准的扇形。

05 将扇形裙片折出"工"字形花边，调整裙摆造型，再把裙片顶端捏扁并向内扣。

06 在裙片顶端内侧涂上白乳胶，将裙片顶端与腰带下方拼合起来。

07 用同样的方法继续制作裙片，用白乳胶将其固定在腰带下方，然后再用白乳胶与其他裙片粘在一起，做成一个完整的裙子。

小提示 制作裙子共用了 3 片裙片，且各裙片间相互重叠，把裙片间的接缝都隐藏了起来。

08 将小直头剪伸进裙底，修剪腰部和裙片重叠处多余的黏土。

❁ 添加整体装饰 ❁

09 折出"工"字形花边（制作方法参考 4.2.1 小节中薄片褶皱花边的"工"字形花边做法），涂上白乳胶后贴在裙摆处。

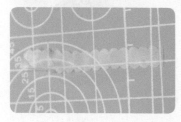  

10 用 3mm 波浪锯齿花边剪制作衣服细节。将白色树脂土擀成非常薄的半透明薄片，然后用花边剪在薄片上剪出花边，贴在上衣的衣襟位置处。

小提示 非常薄的半透明树脂土薄片晾干后能呈现出非常透明的效果。

11 折出一条普通的褶皱花边，涂上白乳胶后将其粘在脖子处作为颈部装饰。

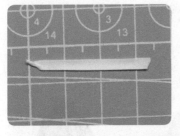  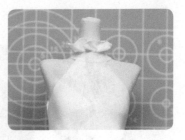

12 将白色黏土片切成长条，贴在颈部花边装饰的底部。

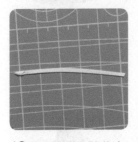   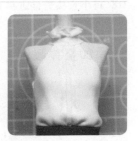

13 补充衣襟上的花边细节。

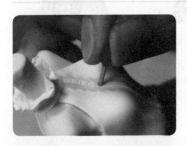 

14 将 4.2.2 小节里制作好的蝴蝶结装饰在颈部，完成小礼服的制作。

4.5.3 古装

古装是指带有古韵气息和古代款式特征的服饰类型。制作古装时，一般是分开制作上半身和下半身的服饰，再通过腰带将上、下半身的服饰拼合起来。

古装制作

制作下裙

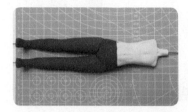
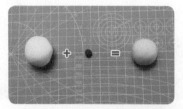

01 准备一个男生的身体素体，接着用大量白色与少量紫色（或蓝色加红色）黏土调出浅紫色黏土。

02 将浅紫色黏土擀成薄片作为下裙。将身体悬空估量裙片的长度，其后再将衣服片切成长方形。

03 将裙片的窄端按折花边的方法折出褶皱，贴在腰部。

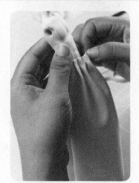

04 继续制作裙片，与粘在腰部的裙片拼接起来并固定。

05 用棒针细尖的一端在腰部上下滚动使裙片贴合腰部，再用眉刀切除多余的黏土，接着拼接最后一片裙片，用小直头剪修剪裙摆。

🌸 制作上衣 🌸

01 在浅紫色黏土片上切出一条直边和一个锐角。把锐角一端贴在身体侧面，再将黏土片上翻至肩部处并稍微捏住，让衣服片挂在肩上。

02 用棒针细尖的一端调整衣服侧面，同时不要将内扣的部分贴在身体上。

03 调整衣服背面的褶皱。

小技巧 古装褶皱的制作

衣服褶皱的制作有一定的随机性，不好一概而论。当衣服片从身体正面贴到背面时，会有一些自然形成的褶皱，可以直接保留它们。这需要一些经验，大家可以多做尝试。

04 用小直头剪修剪领口和肩膀处多余的黏土片。

05 用棒针细尖的一端将衣服片下端贴在身体上，修剪领口并调整下端的内扣。

添加装饰

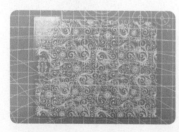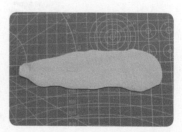

01 准备美甲贴（淡紫），将浅紫色黏土擀成薄片后放在美甲贴（淡紫）上再擀一次，做出衣服上的暗纹装饰。

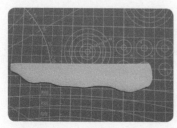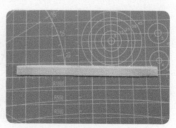

02 在黏土片上切出一条直边，然后贴在白色黏土上，切成长条以制作衣襟。

   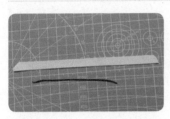

03 把做好的衣襟在领口处贴一圈。

小提示衣襟贴到脖子拐弯处时，可一边拉扯一边贴，使黏土能够顺畅拐弯，贴合身体。

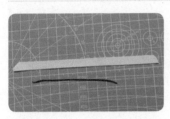  

04 切一段有暗纹的黏土片作为腰带，再在腰带上贴上黑色细条状黏土，增加层次感。

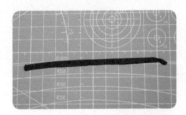   

05 给腰带添加细节。切出黑色薄长条，并用 B-7000 胶水将其固定在腰部，然后再粘上准备好的金属花片。

🌸 制作袖子 🌸

06 将浅紫色黏土球搓成水滴状再稍稍压扁，准备做袖子。

07 用手把水滴状黏土粗圆的一端剪平并拉长，用棒针粗圆的一端滚动着往上推出宽大的袖摆，再用手捏出袖摆的弧度。

08 用勺形工具和棒针压出手肘处的褶皱，并再次调整袖摆的弯曲弧度。

09 用勺形工具捅出袖口以备后续粘手，用小直头剪稍微修剪一下袖子顶部并将其固定在肩头处。

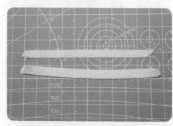 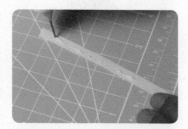 

10 切两片带暗纹的长条贴于袖口，将黏土手办放置4小时左右，晾干。

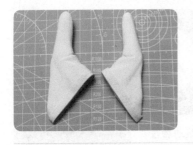 

11 晾干后取下袖子，然后准备一片用紫色树脂土制作的半透明薄片作为纱衣。

12 选取尺寸合适的切圆工具，在薄片的直边中心处压出圆弧痕迹，用小弯头剪沿痕迹剪掉（树脂土不易切），用来作为领口。

13 在领口处薄薄地涂一层白乳胶后，将其贴在身体背面，用大弯头剪剪出上图所示的形状。

14 在肩头处涂一层白乳胶以粘住纱衣。

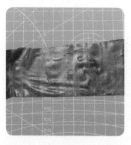   

15 分开制作胸前左右两边的纱衣。在肩膀、身体侧面的纱衣边缘涂少量白乳胶，将做好的纱衣粘在身体的一侧。

16 用大弯头剪修剪肩膀与胸部区域的纱衣，再用同样的做法为身体的另一侧贴上纱衣。

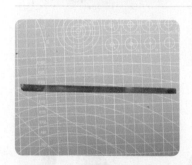  

17 切一条紫色树脂土薄片贴在两侧纱衣边缘处。

18 给袖子包裹一层纱衣。把晾干的袖子放在紫色树脂土薄片上，用薄片包住袖子，用手捏住肩膀并做出褶皱。

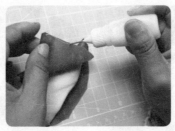

19 用眉刀将紫色薄片切出袖子的大致形状，涂少量白乳胶将其与袖子贴合。

20 用小直头剪精修纱衣形状。

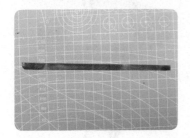

21 切一条紫色薄片，涂上白乳胶后将其贴在袖口处。

小提示 **两只袖子上的纱衣做法相同。**

22 折弯钢丝插在肩头处，将做好的袖子固定住，再涂上白乳胶增强牢固性。至此，古装服饰就制作完成了。

第5章
正比例女生黏土手办的制作
概念图采用方津杏仁的作品《黑猫》

5.1 头部的制作

头部制作解析

当制作女生黏土手办的头部时，可以主要从女生的脸型特征、发型以及五官妆容3个方面入手。

在本案例中，女生的脸型是圆的，下巴尖凸，五官精致，发型是留着刘海的短发发型。

5.1.1 脸型的制作

脸型都是用脸型模具翻模制作而成的，但翻模制作的原始脸型比较长，与原型图中的圆脸不符，所以我们需要进行调整，让它更符合原型。

制作脸型

用肤色黏土在带鼻尖的脸部模具上翻制出一个脸型，然后用压泥板轻轻按压脸颊和下巴，调整脸型使其符合原型。

5.1.2 描绘五官

黏土手办的五官基本上是使用丙烯颜料来描绘的，因为丙烯颜料可以用水稀释，绘出的五官不会变黄而且干得很快，使多层上色间隔的时间很短，这样就算是画错了也可以用水擦掉重画。

开始描绘

01 用自动铅笔将五官勾勒出来。

02 用极细款面相笔蘸取熟褐色丙烯颜料勾线。

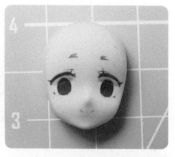

03 用熟褐色加大量白色调出浅褐色，涂出眼白处的阴影，用白色丙烯颜料涂满眼白区域，用钛青蓝色平涂眼珠。

04 用深红色加钛青蓝色调出深玫红色，平涂在眼珠上。

小提示 此处不用涂满，让眼珠边缘露出一些钛青蓝色。

05 用浅褐色画出眉毛，用白色丙烯颜料画出眼睛里的高光。

06 用橙色加白色调出浅橙色，绘制嘴巴。

07 用面相笔蘸取橙色色粉刷在脸颊上作为腮红。

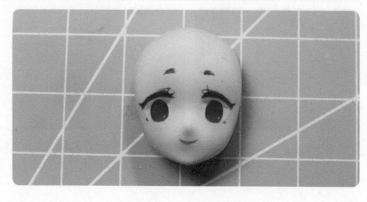

5.1.3 头发的制作

整个头发发片的制作方法请参考 2.4.1 小节的发片制作要点内容，本案例不再给出详细的头发制作方法。需注意的是，制作头发时，以脸型为分界线，将头发整体分成前、后两部分去思考，而后半部分头发要贴到脸型的分界线处为止。

▌制作后脑勺 ▌

01 脸型晾干后，在眼睛的垂直线后面一点，用半圆形木刻笔刀以来回转圈的方式挖一个洞，用来与脖子进行拼接。

02 用黄色、少量橙色与大量白色黏土混合出米色黏土，先取一部分黏土搓成球状贴在脸型后方作为后脑勺，然后挖出与脖子进行拼接的洞，晾 4 小时等待干燥。

小提示 后脑勺的高度可以比脸稍高一点。

▌制作头发 ▌

03 用小直头剪在头顶标记出头发中分线与发旋的位置。

04 用大弯头剪在做好的米色直发发片上剪出长度合适的发片，然后用手扭曲发尾使发尾卷翘（直发发片制作方法参考 2.4.1 小节内容），接着将其贴在后脑勺上。

05 剪出若干条发片，从后脑勺往前额进行粘贴，同时用压痕刀切去发根处多余的黏土，接着用手捏卷发片的边缘。

小提示 贴的时候需要修剪发根处的形状，让发流走向符合真实的发流走向。

06 粘贴发片。注意，发片与发片之间不能留有空隙。

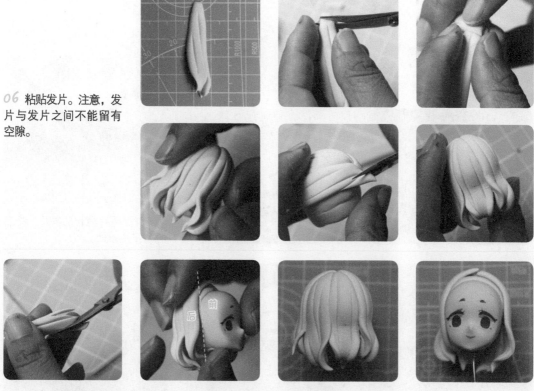

07 剪出脸颊两侧的发片并贴在头上，然后用手将发梢弯曲成想要的弧度。

08 贴好发片后，会发现后脑勺的头发与额头会有高度差，所以此时要在额头加一点黏土来进行填补。

09 把做好的短直发发片依次贴在额头上作为刘海。

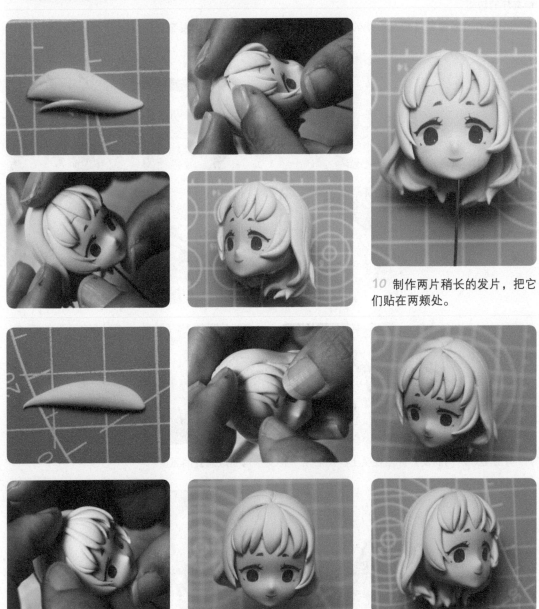

10 制作两片稍长的发片，把它们贴在两颊处。

11 制作长度、宽度合适的发片，将刘海区域的空隙填满。

12 将搓好的水滴状黏土尖端插进耳朵模具内，翻出耳朵，用小弯头剪剪掉多余的黏土，把耳朵贴在脸颊两侧。

13 剪出长度合适的发片，填补头部侧面的空隙。

14 适当填补后脑勺内部的空隙，让头发看上去更丰盈。

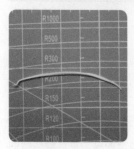   

15 切出细长的发丝，给头发增加碎发，增加头发的层次感。

16 补充两侧的发片，增加头发的厚度与层次感。

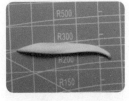   

17 在后脑勺区域再补一片发片，使整个头发的厚度看上去基本一致，完成人物发型的制作。

5.1.4 发饰的制作

此处制作的是有蝴蝶结元素的装饰发带。

制作发饰

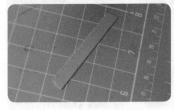  

01 切出一条浅橙色黏土片，用长刀片沿着长条的对角线切，得到两个一样的三角形。

02 将三角形黏土剪成发带的形状，贴在刘海的发根处。

03 切出两段中间鼓起的黏土条，对折做出蝴蝶结后用青莲色丙烯颜料画上装饰条纹，再对蝴蝶结的形态进行调整。

5.2 身体的制作

身体制作解析

肩膀

胯部

脚踝

本案例制作的是 6 头身黏土手办，其头以外的整个身体部分大约占 5 个头长，其中上半身约占 2 个头长，下半身约占 3 个头长。这样的身体长度配比会非常适合制作 6 头身手办人物。另外，结合女生的身形特点，本案例手办的肩膀的宽度需要比胯部窄。

5.2.1 双腿及鞋子的制作

本案例制作的 6 头身少女的下半身约占 3 个头长，大腿和小腿分别为 1.5 个头长，而脚长则低于 1 个头长（1 头长 = 脸型长度 +3mm）。所以，在做女生的双腿时，要注意腿部各关节点的位置，保持腿部结构的合理性与协调性。

制作双脚

 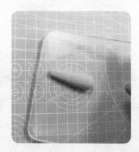  

01 用橙色和白色的黏土调出浅橙色黏土并搓成一个球体，然后用压泥板将其搓成一边粗一边细的水滴状，同时将细的一端折 90°，捏成脚（制作方法可参考 3.3.1 小节男生腿部的基础制作步骤 01~02）。

02 把脚尖向上掰使脚尖跷起，再捏细脚踝，然后用大弯头剪把脚尖下方修剪平整。

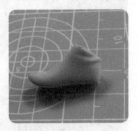

03 用勺形工具的圆端背面压出脚踝处的褶皱，用小直头剪斜着将小腿部分剪去，留下脚部素体作为手办人物的鞋子。

制作双腿

01 用压泥板将肤色黏土搓成水滴状，用作腿部素体，然后把细的一头拼在鞋子部件上。

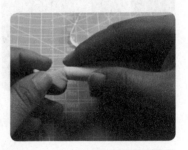

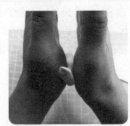

02 从脚踝处慢慢往上搓出小腿，用拇指在1.5个头长的位置处搓细，将其作为膝盖（6头身黏土手办腿长等于3个头长），最后再往上搓出大腿。

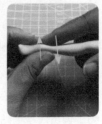

03 用手弯折膝盖并将膝盖前端收窄，再将腿掰直，接着把拇指与食指放在上图所示位置并朝相反方向推，调整小腿弧度。

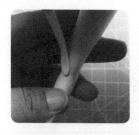  

04 用勺形工具的圆端
背面压出膝盖。

05 找到大腿根部的位置，用勺形工具尖的一端压出一道痕迹（大腿长度＝小腿长度），然后用眉刀
沿着痕迹在大腿根部切出一个斜面，晾 4 小时等待干燥。

制作鞋子

   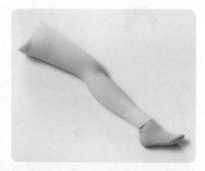

01 用小金属抹刀在鞋子上压出鞋子纹理，并与
腿部拼合在一起。

02 找一个直径大约为 4cm 的圆口物品，在擀出
的薄片上切出圆片。

03 用切圆工具在圆片中间切出小圆，用眉刀将
圆片切成上图所示的图形。

04 把做好的薄片贴在
脚踝处。

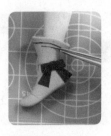

05 将用紫色树脂土做出的蝴蝶结粘在鞋子外侧，并用青莲色丙烯颜料画出鞋口处的装饰线条，为鞋子增加细节。

06 制作鞋底。将浅橙色黏土片压成椭圆形，把压泥板放在黏土片1/2处，压出一半厚一半薄的黏土片。

07 把黏土片厚的部分贴在鞋底作为鞋跟，用小弯头剪修剪边缘，用小金属抹刀将鞋底的黏土往上抹，使接缝平整，接着用手将鞋跟边缘捏出棱角。

双腿及鞋子的美化

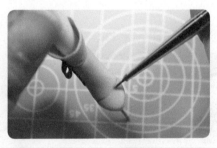

01 用极细款面相笔蘸取褐色色粉刷在鞋子的纹理上，使纹理看上去更加明显。

02 用眼影刷先蘸取红色色粉再蘸取肤色色粉后，刷在膝盖上。

03 用白色丙烯颜料在膝盖处点上高光，完成双腿的制作。

5.2.2 双手的制作

制作黏土手办的双手，重点在于如何正确把握手的结构特征以及塑造出有美感的手部形态。

🌀 制作双手 🌀

01 根据 3.2.2 小节里给出的手部制作方法分别制作出带有 4 根手指的手的部件和拇指部件。

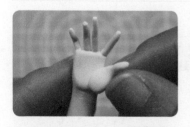

02 本案例以右手为例讲解制作方法。将拇指贴在右手手掌的 1/2 处，分别用压痕笔、大金属抹刀等塑形工具抹平手掌与拇指的接缝。

03 用酒精棉片将接缝处打磨光滑，用小直头剪从手腕处进行剪切。

5.2.3 上半身的制作

女生的上半身制作在 3.1.1 小节中有详细的解析，大家可以参考。

女生的上半身展示

捏制上半身身体的时候，要确保左右两边肩膀是对称的，还要塑造出女生的曲线美。

5.2.4 身体部件的连接

身体部件之间的连接，通常是先将双腿组合做出黏土手办的下半身，然后再与做好的上半身黏土部件进行连接，这样的连接顺序能让我们更好地把握黏土手办的整体比例。

腿部的连接

01 将白色黏土搓成一个短圆柱体，将其一头贴在大腿根部并抹平接缝，然后用小弯头剪斜着剪出内裤的形状；再将另一条腿接上，调整接缝与形状，将其放置在一旁晾 3 小时以等待干燥。

02 用眉刀将内裤顶部切至与大腿根部齐平，接着修剪上半身身体，使上半身与下半身的长度比例如右图所示。

上半身与腿部的连接

  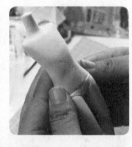 

03 把上半身部件与下半身部件衔接在一起，抹平接缝后放置 1 天等待干燥。

5.3 服装和装饰道具的制作

形象解析

制作黏土手办的服装与装饰道具时，需要结合人物本身的风格特点，选择合适的服装、装饰道具以及制作方法，从而得到自己想要的效果。

本案例中的人物是一个"萌妹子"形象，十分甜美可爱。她的头上戴着蝴蝶结装饰发带，穿着好看的蓬蓬裙，手里拿着欧式风格的书本。

5.3.1 裙子的制作

制作裙子的要点在于表现出裙子的蓬松感。将裙子贴到身体上时，可采用先将裙片翻到反面，用辅助工具贴在身体上后，再将裙片翻过来的制作方法，这样做出的裙子会显得蓬松一些。

▌制作裙子的内衬短裤▐

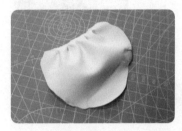  

01 在白色黏土片上折出"工"字形花边，用小弯头剪将边缘修剪整齐后贴在手办右侧的大腿上。

02 用眉刀切除多余部分，用棒针细尖的一端将边缘抹平，晾 1 小时使其初步干燥后，再贴另外一边的内衬短裤。

03 用 3mm 波浪锯齿花边剪在白色黏土薄片上剪出波浪花边，贴在裤腿处。

▌制作上衣▐

01 在紫色黏土片上用切圆工具切出半圆形作为领口。

小提示 调色时，要一点一点在蓝色里加红色，一次不要加太多，直到调出紫色为止。

02 用长刀片在黏土片的下方切一条直边，将半圆领口对准脖子后贴在身体上，接着把身体一侧的黏土片折过来，捏紧肩膀上方，用圆规在身体正面衣服片的中线处点上两点，确定身体中线的位置。

03 用眉刀连接两个定点后切除多余的衣服片，再用小直头剪剪掉肩膀上多余的衣服片，身体一侧的衣服就贴好了。

04 用同样的方法贴上另外一侧的衣服。

05 用眉刀横向切掉身体上多余的衣服片。

06 把紫色黏土薄条放在浅橙色黏土片上，做出拼色条纹，贴在衣服中间作为衣领。

小提示 紫色薄条要擀得尽可能薄，而浅橙色黏土片则不需要那么薄，这样做出来的拼色条纹会比较有层次感。

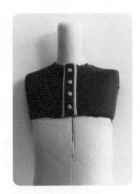

07 用迷你切圆工具在浅橙色黏土片上切出小圆作为纽扣，在纽扣上面点上白乳胶后将其粘在衣领上。

制作裙身

01 擀出大片的紫色黏土片，准备直径为4cm的塑料切圆工具和长刀片，按上图所示方式切出扇形裙片。

小提示 扇形半径的长度是根据角色的身长来确定的。

02 将裙片每隔大约3mm距离折出"工"字形花边，并调整褶皱形态。

小提示 如果不希望做出的褶皱太大、太密集或者太明显，褶皱间就需要保持一定的距离。

03 用擀泥杖将褶皱边缘处压平，再用小弯头剪修剪边缘，再在做好的上衣底部均匀地涂一圈白乳胶。

04　把裙片翻到反面，用棒针尖的一端辅助贴在身体上，然后再将裙片翻过来，这样能够使裙子的蓬松效果更好。

05　用棒针尖的一端滚动着往上推，调整裙片与衣服片的接缝。因为此处制作的裙子黏土不够，导致背面无法拼合，所以我们再制作一片补上。

06　制作好一片裙片，涂上白乳胶后拼在背后，然后用大弯头剪修剪裙边。

07　弯曲长刀片，在紫色黏土片上切出弧形黏土片，将其作为裙子底端的大花边。

08　给花边涂一层白乳胶，按照裙子的褶皱样式，采用一边折一边贴的方式贴花边。

小提示　如果花边不够长就再做一条，直至贴满一整圈。

09 用白乳胶粘贴花边的接缝。

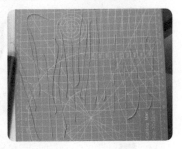

10 用长刀片在浅橙色黏土片上切出多条粗细不一的细长条，用作裙身上的装饰。

11 给细长条涂上白乳胶，按一定的间隔距离贴在裙子上，然后用小直头剪修剪。

小提示 在操作时要有耐心，白乳胶不能涂太多，否则多余的胶水会让裙子显得很脏。

12 将稍粗一点的浅橙色黏土条涂上白乳胶后，贴在裙身与花边的接缝上。

小提示 在这里需要掌握的技巧是要一小段一小段地一边涂胶一边贴。

13 把紫色黏土擀成非常薄的薄片，然后用 3mm 波浪锯齿花边剪剪出花边。

14 将花边薄片贴在浅橙色黏土片上。

小提示 与拼色条纹衣领一样，浅橙色薄片不用太薄。

15 用 3mm 波浪锯齿花边剪在拼色黏土片上剪出花纹，并切掉多余部分。将切好的花边作为上衣底部的装饰花边。

16 把做好的拼色装饰花边贴在胸前以遮挡接缝。

制作裙子装饰

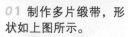

01 制作多片缎带，形状如上图所示。

02 一边贴一边折，做出上图所示的形状。

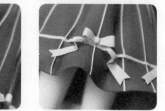

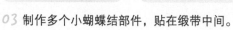

03 制作多个小蝴蝶结部件，贴在缎带中间。

04 用 3mm 波浪锯齿花边剪在用白色树脂土擀成的半透明薄片上剪出波浪花边，然后在花边的直边上折出"工"字形花边，将花边涂上白乳胶后贴在裙摆内侧。

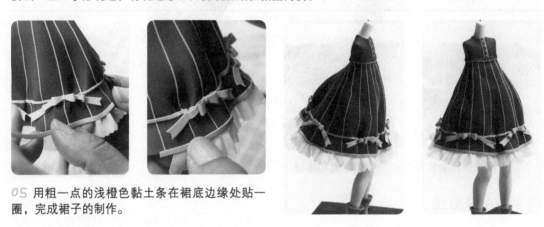

05 用粗一点的浅橙色黏土条在裙底边缘处贴一圈，完成裙子的制作。

5.3.2 衣袖的制作

为了做出透明的衣袖效果，可以将树脂土擀成非常薄的薄片，从而制作出纱质服装的透明感。

▌制作手臂▐

01 将做好的手接在肤色黏土条的细端，慢慢搓出手臂，并放在肩头比对长度是否合适。

小提示 手臂长度大约是整个身长的 1/2。

02 用小直头剪剪掉多余的手臂，然后把手臂根部剪出斜面，便于与肩头拼合，接着放置在一旁晾 3 小时，等待干燥。

制作衣袖

01 用白色树脂土加极少的蓝色黏土调成透明蓝色黏土，放在透明文件夹里擀出透明的薄片，越薄越透明，然后折出"工"字形花边。

02 剪掉多余边缘后，贴在手臂上上图所示的区域。

小提示 树脂土擀成薄片后干得很快，如果折"工"字形花边后，树脂土变干而贴不住，就涂上白乳胶后再贴。

 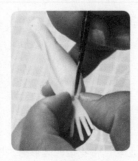  

03 贴的时候注意不要弄塌袖子，可以捏住肩膀，并剪掉袖子上的多余部分。

04 用合适的切圆工具在透明蓝色黏土薄片上切圆，然后用眉刀切成扇形，用 3mm 波浪锯齿花边剪剪出波浪花边，再折成"工"字形花边。

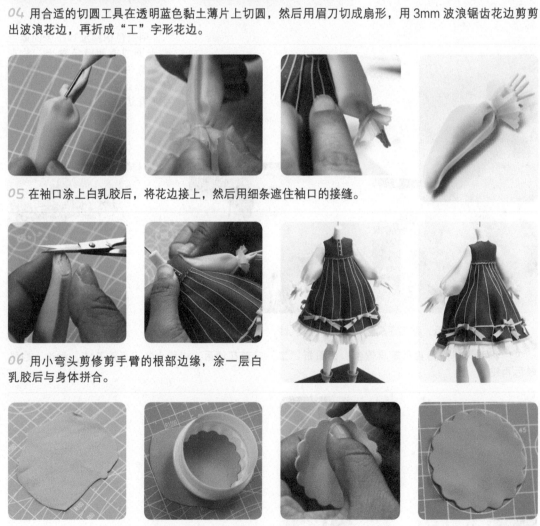

05 在袖口涂上白乳胶后，将花边接上，然后用细条遮住袖口的接缝。

06 用小弯头剪修剪手臂的根部边缘，涂一层白乳胶后与身体拼合。

07 用直径约 4cm 的塑料切圆工具在浅橙色黏土片上切出带花边的圆形薄片准备做衣领，然后用手指将薄片边缘的毛边抹掉。

08 利用垫板上的圆形图案与格子，用棒针细尖的一端标记出圆心，然后选择合适的切圆工具在正中间挖出圆洞，用眉刀将薄片一侧切开后贴在脖子上，作为衣领。

 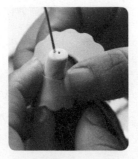  

09 调整衣领在肩膀上的形状，再用小弯头剪剪去多余部分。

10 用钛青蓝色加青莲色的丙烯颜料调出与裙子颜色一致的色彩，用极细款面相笔蘸色后，在衣领上画出有星月元素的装饰花纹。

11 用刷了痱子粉的白色黏土薄片像折纸扇一样折成上图所示形状的花边，然后贴在脖子上。

5.3.3 装饰道具的制作

制作书本

01 用压泥板把白色黏土球压成 3mm 左右厚度的圆块，用眉刀切成长方体作为书芯。

02 在浅橙色黏土里加少量褐色黏土调成暗橙色黏土，将其擀成薄片并切出一条直边，接着将书芯放在黏土片上。

03 对照书芯的长度，用眉刀在黏土片上切去书芯左右两侧多余的黏土，在左右边缘处留一点距离。然后用眉刀在书芯上方压一道痕迹，注意这里不能切断。折起，让黏土片包裹住书芯。

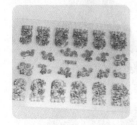  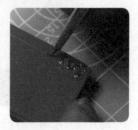 

04 在书本封面上贴上美甲贴（金）做装饰，再用金色丙烯颜料勾画补充线条装饰。

5.4 美化与组合

5.4.1 美化

头部美化

用眼影刷蘸取橙色色粉，刷在发梢、发根、头发与头发的衔接处以及蝴蝶结上。

小提示 颜色不需要太深，只需有一点颜色渐变效果即可。

身体美化

在肩头、裙子的蝴蝶结、衣领边缘以及指尖等位置刷橙色色粉进行美化。

装饰道具美化

在书本上刷棕色色粉，打造做旧效果。

5.4.2 组合

头部与身体的组合

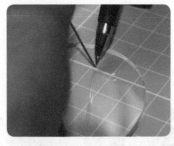  

01 安装底座。用记号笔在透明亚克力圆片上标注钢丝的位置，然后用微型电钻钻孔，再将腿里的钢丝插进底座即可。

02 把做好的头部组装在插有直径为 1mm 的钢丝的脖子上，使二者成为一个整体。

书本与身体的组合

在书本上涂适量的白乳胶，并将其粘在裙子上，最终效果如右图所示。

第6章
正比例男生黏土手办的制作

概念图采用千的作品《morth》

6.1 头部的制作

头部制作解析

男生头发制作通常分为固定的几个模块：首先是做出颈后的头发，其次是制作前额处的刘海，接着制作后脑勺上的头发，最后再补上零碎的小发丝，给头发增加一些层次感。

6.1.1 绘制五官

绘制男生的五官相较于女生的来说较为简单，不用画很多细节，只需将人物的五官特征和脸部神态表现出来即可。

▌开始绘制▐

01 准备一个已经晾干的用脸型模具翻模制作而成的脸型。

眼睛
鼻底
下巴

02 用自动铅笔在脸型上确定眼睛的位置。

小提示下巴到鼻底的距离与鼻底到眼睛的距离大致相等。

03 用自动铅笔先大致勾画出五官。

小提示 脸型上已经有嘴巴了，而现在需要将闭合的嘴巴改成微张，再将脸型自带的唇线作为下唇线勾画出来，最后再往上画出上唇线。

04 将白色与黑色丙烯颜料混合，调成灰色后在铅笔线稿上勾画五官轮廓。

05 用熟褐色与白色混合成浅褐色，画出瞳孔上方眼白处的阴影。

06 用白色丙烯颜料涂出瞳孔下方的眼白部分与嘴巴。

07 用黑色丙烯颜料再次勾勒五官轮廓。

08 用黑色丙烯颜料画出瞳孔和下眼线，完成五官的绘制。

6.1.2 头发的制作

刘海部分的头发偏长并向左倾斜，而礼帽还盖住了部分刘海，发尖也微微翘起。所以我们制作头发时需先贴上人物的刘海，再贴后脑勺的头发，也需要用手指稍微调整一下发尖，使其微卷。

制作后脑勺

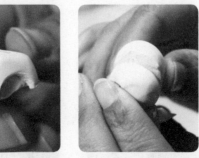

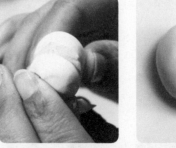

01 脸型晾干后，用半圆形木刻笔刀以来回转圈的方式挖出洞。

02 在制作脸型时，往调制的白肤色黏土里加入少量黑色黏土调出浅肉灰色黏土。取一部分调好的黏土搓圆，贴在脸型后方作为后脑勺，同样用半圆形木刻笔刀挖出一个洞，晾 4 小时等待干燥。

制作头发

01 用大弯头剪在浅肉灰色黏土团的表面剪一刀，把剪下的黏土放在蛋形辅助器上压成边缘薄、中间厚的形状作为发片，接着用压痕刀在发片上压出头发发丝形状。

小提示 此后的所有发片的初始形态都是边缘薄、中间厚的形状。

  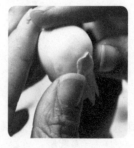 

02 用大弯头剪剪出发丝，贴在后脑勺上作为颈后的头发。

03 剪出同样的发片，在后脑勺上贴一圈，一直贴到脸型与后脑勺的接缝处。

04 用白肤色黏土在耳朵模具上翻模出一双耳朵，贴在脸颊两侧。

小提示 耳朵在两眼眼尾的连线上。

05 贴刘海。将男生的刘海分成 3 个区块，一边比对着角色原型上头发的样子，一边做出发片。从额头中间开始贴，再分别贴上左右两边的刘海。

06 贴手办右侧鬓角区域的头发。贴时叠两层，第一层只需保证发尾位置低于下巴即可，第二层长度比刘海稍长一点（发尾不能低于下巴），发根集中到头顶。

07 贴后脑勺上的头发。贴完刘海后，脸型会高出后脑勺一截，所以先在后脑勺上补一点黏土，而后脑勺上的头发也是先贴上中间，再往两边贴。

08 修剪发根处的形状，让所有头发都集中在头顶上的一点，再用手指调整发尾的形态。

 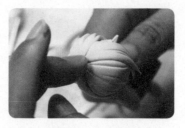 

09 贴上后脑勺的头发，尽量让后脑勺左右两侧的头发都向耳后绕。

10 制作一些小发片，填补在发片之间的缝隙处，也能增加头发的层次感。

11 用同样的方法贴上左侧鬓角区域的两层头发。

小提示 手办左侧鬓角区域里的头发要比右侧的头发短。

12 切出细长的发丝贴在头顶，给头发增加层次感，同时也能遮挡发片与发片之间的空隙。最后再叠加一层薄发片，完成男生头发的制作。

13 人物头部制作最终效果多角度展示图。

6.2 身体的制作

身体制作解析

制作正比例男生的身体，通常从下半身肢体开始捏制，下半身做好后再往上制作上半身、头部和手部等其他部件，就像建房就要先打地基一样。另外，本案例制作的是 8 头身黏土手办，因此其腿部约占 4 个头长。

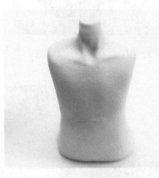

下半身肢体　　　　　　上半身身体　　　　　　手部

6.2.1 双腿的制作

希望大家通过本案例全面地了解正比例男生从脚到头的制作。直立是最基础的腿部形态，我们只需做出膝盖与脚踝等部位上的细节，正确区分出大小腿即可。

制作双腿

01 将黑色黏土搓成一头粗一头细的长条，用手把细的一端弯折 90°，然后用拇指推出脚后跟，做出脚掌。

02 用手指将脚尖往上掰，接着收窄脚后跟，捏出足弓，再把脚后跟跟腱捏细。

03 用手指将脚尖捏尖，用大弯头剪剪去捏尖后凸出来的地方，再把脚底边缘捏出棱角。

04 把腿放在垫板上估量长度，脸长大约 2.7cm，头长按 3cm 算，小腿长度即 6cm。接着一边估量长度一边搓出膝盖与大腿。

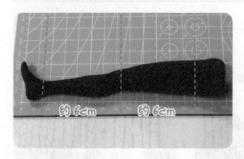 

05 用大弯头剪将大腿根部剪出斜面，腿型制作完成。用相同的方法制作好另一条腿后放在一旁晾 4 小时，等待干燥。

小提示 大腿与小腿的长度基本一致。

6.2.2 双手的制作

人物的手部是一手握着拐杖，一手捏着帽檐的状态，手指指节结构突出。因此，我们在做人物手部形态的时候，塑造出手指的动态感是最关键的。

制作双手

01 等待腿晾干的期间我们先做出除拇指外的手的基本造型（详细制作方法参考 3.2.2 小节）。

02 用大金属抹刀和小直头剪调整手指的粗细。

03 调整手指造型。用手先将小指的指尖跷起，再利用大金属抹刀折出指节，然后用弯头镊子捏细小指的关节处。

04 用同样的方法制作出除拇指外的手部动作。

05 参考 3.2.2 小节里手部动作制作方法，做出另一只手的手部形态。

06 制作出拇指的基础形状，与手掌比对大小确认尺寸后，用手折出拇指的动作，贴在手掌 1/2 处。接着用棒针细尖的一端抹平拇指与手掌的接缝。

07 两只手都做好后，用眉刀切掉手掌根部以下部分，只保留手掌部分。

08 将白色黏土搓成长条与手掌衔接，做出手臂。

6.2.3 上半身的制作

男生的上半身制作方法请参考 3.1.1 小节，由于制作方法相同，所以此处只给出男生上半身的成品展示图，不再讲解具体的制作过程。

男生的上半身展示

因为之后会给黏土手办穿上衣服，所以此处不用做出身体上的肌肉线条，只要做出基本身形和肩颈部分的形态特征即可。

正面　　　　　　侧面

6.2.4 身体部件的连接

根据身体部件的大小，有的部件之间可直接使用白乳胶连接固定，比如手掌与手臂这类体积偏小的部件；而腿部与鞋子（脚掌）、手臂与上半身等大部件之间的连接就需要在插入钢丝后再配上白乳胶以进行衔接固定。

双腿的固定

取直径为 1.5mm 的钢丝，在腿部合适的位置将钢丝插入。因为要穿裤子，所以戳破腿部也没关系，但要尽量插得深一点。之后将腿放在针孔木板晾干台上。

双腿的连接

制作臀部（为了便于看清连接过程，此处选用的是白色黏土）。将白色黏土贴在双腿上，分别用棒针细尖的一端和手调整臀部形状，然后晾 4 小时等待干燥。

双脚的连接

01 拿出 4.3.1 小节里制作的英伦风商务男鞋备用。

02 切去双腿上的脚后，在腿部底端涂一层白乳胶，将准备好的鞋子粘在腿上。

小提示 起初将腿与脚做成一体，是因为切去脚后再拼接做好的鞋子能让腿部线条显得更流畅。

03 用自动铅笔标记出臀部中线，用眉刀将衔接在一起的腿切开，方便之后贴裤子。

6.3 服装和装饰道具的制作

形象解析

人物原型有点类似"黑执事"这类角色——穿着严肃神圣的黑色燕尾服，一手握着拐杖，一手拿着礼帽，欲戴在头上。人物显得彬彬有礼，但又给人一种疏离感。

6.3.1 服装的制作

人物原型身着燕尾服，服装结构形式为前身短、西装领造型，后身长且后衣片呈两片开衩的燕尾形。另外，燕尾服的颜色主要以黑色为主，以表示严肃、认真等含义。

制作西装裤

 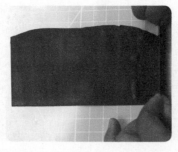 

01 将黑色黏土与黑色树脂土 1:1 混合后，将其擀成薄片，再把做好的腿悬空在黏土薄片上估量西装裤的长度，然后用长刀片先切出与腿部长度相符的黏土片，再在黏土薄片中间轻轻压出痕迹，注意不要切断。

 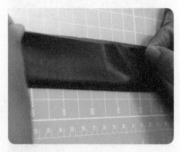

02 将透明文件夹垫在黏土片中间，沿着压出的痕迹将黏土片对折，折出裤折线。

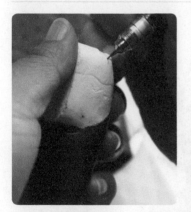 

03 用自动铅笔标记裤折线的位置。

04 将黏土片的裤折线对准标记点贴上去。

05 用手先捏出裤子左右两侧的褶皱，然后用棒针细尖的一端压出裤缝处的褶皱。

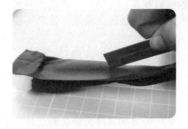

06 用眉刀沿着腿部侧面的中线切掉多余部分，接着在裤脚处涂上白乳胶，使其与皮鞋相衔接。

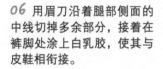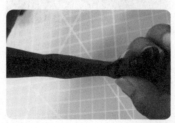

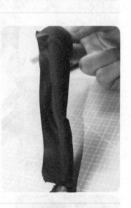

07 贴腿背面的裤子。用同样的方法做出裤折线，贴在腿上，并在膝盖处捏制出褶皱。

08 依旧用眉刀沿着腿部侧面的中线切去多余部分，接着在裤脚处涂上白乳胶，使其与皮鞋相衔接，用小直头剪修剪裤脚。

09 用眉刀切掉臀部内侧截面上的多余黏土，用相同的操作方法贴上另一条腿上的裤子。

10 在腿部内侧截面上涂一层白乳胶，把左右两条腿拼接起来，接着用眉刀和小直头剪裁剪臀部上多余的黏土。

11 用钳子将直径为 1.5mm 的钢丝弯折成 "U" 形，与腿部比对出合适的长度后插入腿中，固定住双腿。

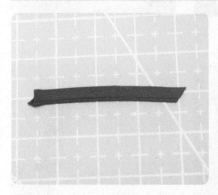 

12 准备一条宽度适宜的与裤子材料和颜色相同的黏土条，利用大金属抹刀将其固定在裆部，做出门襟，然后放在一旁晾 4 小时等待干燥。

制作西装衬衣

01 将前面做好的男生上半身拼接在腿上，用手抹平接缝，同时调整上半身的曲线，再放在一旁晾4小时等待干燥。

02 用眉刀将肩头切出一个明显的棱角，便于后面拼接袖子。

03 选一个与脖子直径相当的切圆工具，在白色黏土片上切出圆洞，用于制作衬衫衣片。

小提示 如果肩头是圆润的，也可以通过添加黏土的方式做出棱角。

04 将衬衫衣片贴在身体正面，捏起肩膀部分多余的衣服片。

05 用小直头剪和眉刀裁切多余的衣服片，保留身体正面部分的衬衫衣片。

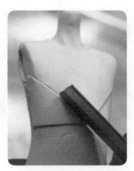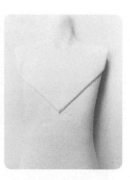

06 用棒针细尖的一端塑造出肩头部分的肌肉效果，然后用眉刀将衬衫衣片切出上图所示的形状。

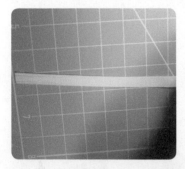

07 切一条长条用于制作衬衫细节。

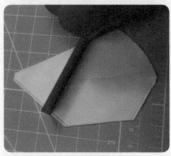

08 将另一块白色黏土片切出合适的形状后直接贴在身体上，比对后用长刀片划出马甲大致的形状并裁切出准确的马甲形状。

小提示 人物原型穿了 3 件衣服，为了让上半身不显臃肿，我们会采用拼接的方式来制作衬衫与夹克。

09 把裁切后的马甲衣片贴在身体左侧，用眉刀切出多余的衣服片，将马甲贴在身体上。

   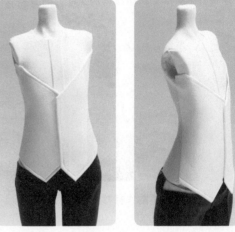

10 用同样的方法贴上身体正面的另一侧马甲，并稍微覆盖在之前制作的马甲上，放在一旁晾 3 小时等待干燥。

小提示 此处不用贴上人物背面的衣服片。

制作燕尾服

01 将黑色树脂土与黑色超轻黏土 1:1 混合并擀成薄片，将身体悬空后标记出制作外衣需要的长度，再将薄片切成长方形，准备做外衣。

02 用长刀片在外衣衣服片的中间压出痕迹（同样不能切断），接着用与脖子直径相符的切圆工具在衣服片的正中间切出领口。

03 把衣服片贴在身体背面，用手先将肩膀上的衣服片捏住，让衣服片固定在肩膀上。然后用手折出腰部的褶皱，用手指将臀部处的衣服片向外扯开，撑出花瓣一样的弧面，让衣服能包裹住臀部。

04 简单修剪肩膀后用长刀片在衣服片上压出侧边线，标记身体侧面燕尾服的长度。

05 按照衣服片上的标记用剪刀剪出燕尾服的具体样式。

06 将外衣固定在身后，如果外衣的黏性不够，可涂白乳胶进行粘贴固定。

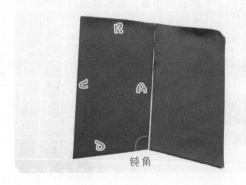

07 在黑色薄片上裁切出两片四边形薄片，作为燕尾服正面左右两边的衣服形状，如左图所示。

小提示 为方便之后粘贴衣服片，此处将四边形衣服片的四边用字母 A、B、C、D 标记，其中边 A 与边 D 形成的夹角为钝角。

钝角

179

 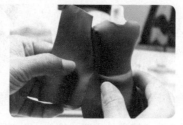 

08 在四边形衣服片的 A 边上涂一层白乳胶，粘在衣服侧面，注意不要留缝隙。等衣服侧边粘牢后，将衣服翻过来。

09 用眉刀和小直头剪把衣服片裁剪成上图所示的形状，再用同样的方法贴上衣服的另一面，做出燕尾服外衣。

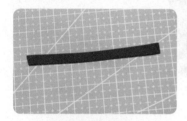  

10 制作衣领。在黑色黏土薄片上切一条长条，将其涂上白乳胶后粘在领口处，再用小直头剪把衣领的底端剪成上图所示的形状。

小提示 贴衣领时，贴到后颈拐弯处时可适当拉扯一下，让黏土条能顺利拐弯，服帖地贴在领口处。

11 剪出两片三角形薄片，贴在衣领处，如上图所示。

12 因为贴了两层衣服，所以肩膀边缘变圆了，需要用眉刀切掉。

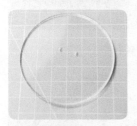 

13 安装底座。用记号笔在透明亚克力圆片上标注钢丝的位置，然后用微型电钻钻孔，再将腿里的钢丝插进底座即可。

添加服装装饰

01 准备好用来制作服装装饰的铆钉和 B-7000 胶水。用自动铅笔标记纽扣的位置，然后在铆钉上涂上胶水，将其粘上去。

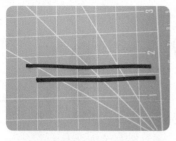

02 将黑色树脂土擀成薄片后切成细长条，用面相笔蘸清水打湿长条后将长条粘在衣服底端边缘处。

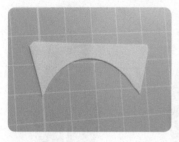

03 制作衬衣衣领。将白色黏土薄片切出上图所示的形状，把弧形的一边粘在衣领处。

04 在衣领处涂上白乳胶，再将垂直的衣领向外翻折。

05 用小直头剪修剪衬衣两边衣领的形状，然后用小金属抹刀调整衣领的细节。

06 把两条灰色黏土细条像拧毛巾一样拧成上图所示的造型，然后把粗的一头拼合起来，贴在领口处遮住衣领的缝隙。

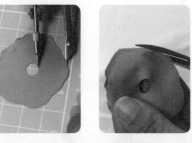

07 在灰色黏土薄片中间用切圆工具挖出圆洞。

08 用圆规估量出领巾长度，并标记在黏土片上。

09 用大弯头剪修剪圆片，切出上图所示的形状。

小提示 这里不需要修剪成很标准的圆。

10 将薄片折成"工"字形花边样式，用小直头剪稍做修剪后把花边顶部拧紧，再衔接一截和领口处相同样式的黏土条。

11 修剪领巾后在领巾顶部涂上白乳胶，利用圆规将其粘贴在领口处。

6.3.2 衣袖的制作

一般制作穿了外套的人物手臂时，都会直接做袖子，把衣袖和手臂当作一体一起捏制，不会单独做手臂。在具体制作过程中，我们会先搓出一条长条，确定出袖子长度与粗细，再通过勺形工具压出衣袖上的褶皱，大家可以试着做一下。

▌制作衣袖▌

01 拿出晾干的一双手，用眉刀把手臂切出左图所示的斜面。

02 切一条黑色黏土片绕在手腕处，用棒针细尖的一端压出褶皱。

03 将做衣服时调好的黏土搓出合适的长条并放在身体旁比对长度（袖子长度不超过裤裆），然后用大弯头剪剪去多余的黏土。

04 用勺形工具的圆端背面调整切口，用手将边缘捏出棱角作为袖口。   *05* 在手部部件上插入直径为 1.5mm 的钢丝，再将手安装到袖子里。

06 在手臂的大约 1/3 处将整个手臂弯折 90°，接着用勺形工具压出上图所示的褶皱。

07 把弯折后的手臂放在身侧比对长度，接着剪掉多余的黏土，用勺形工具继续压出袖子和手腕处的褶皱，随后用手捏出褶皱的棱角。

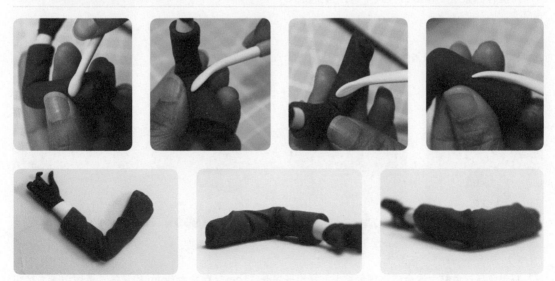

08 在手臂上继续用勺形工具压出从腋下延伸出来的褶皱。

09 在手臂底端切面上涂一层白乳胶，将其粘在身体上，然后用棒针细尖的一端将手臂与肩部的接缝抹平。

10 用同样的做法制作出另一只手臂，再拼接到身体上。

6.3.3 装饰道具的制作

▌制作拐杖▐

 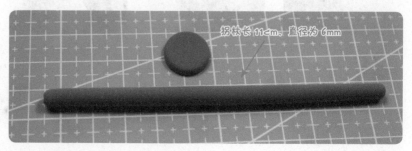

拐杖长 11cm、直径为 6mm

01 将褐色与白色黏土混合成浅棕色黏土，搓出一条长 11cm、直径为 6mm 的长条，再用切圆工具切出直径为 1.5cm 的圆片，作为拐杖的组合部件。

02 等拐杖晾干后，用眉刀将其两头切出锋利的截面，再插入直径为 1.5mm 的钢丝来与圆片进行组合，拐杖就做好了。

制作礼帽

01 拿出制作衣服时调好的黑色黏土，用压泥板将其压扁，然后找一个大小合适的切圆工具切出圆作为帽檐，再修剪毛边使其平整。

小提示 制作时很容易出现没有合适的工具的情况，这时可以将身边的一些物品当作工具使用，比如这里用来切圆的工具是瓶盖。

02 用压泥板将黑色黏土搓成一个瓶塞形状，接着压出合适的高度作为帽身，再用手将帽身边缘捏出棱角。

03 把做好的帽檐和帽身粘在一起，并添加礼帽上的细节，最后使帽檐往上翘起就完成礼帽的制作了。

6.3.4 组合

01 先把做好的头部插在脖子上，然后在头顶斜插一截直径为1.5mm的钢丝，接着将礼帽插在钢丝上，使礼帽能够稳稳地固定在头上。

02 让男生的一手拿住帽檐，再把拐杖放在另一只手中，人物的整体造型就制作完成了。